imaginist

想象另一种可能

理
想
国

imaginist

What's the Use?

The Unreasonable
Effectiveness of Mathematics

让鸽子
开公交车？

看不见的数学如何影响我们的日常

[英] 伊恩·斯图尔特■著

何生 胡智杰■译

民主与建设出版社
·北京·

© 民主与建设出版社，2023

图书在版编目（CIP）数据

让鸽子开公交车：看不见的数学如何影响我们的日常 /（英）伊恩·斯图尔特（Ian Stewart）著；何生，胡智杰译 . -- 北京：民主与建设出版社，2023.12
书名原文：WHAT'S THE USE? The Unreasonable Effectiveness of Mathematics
ISBN 978-7-5139-4434-2

Ⅰ . ①让… Ⅱ . ①伊… ②何… ③胡… Ⅲ . ①数学—普及读物 Ⅳ . ① O1-49

中国国家版本馆 CIP 数据核字 (2023) 第 218798 号

WHAT'S THE USE?: The Unreasonable Effectiveness of Mathematics
by Ian Stewart
Copyright © Joat Enterprises, 2021
All rights reserved.

著作权合同登记图字：01-2023-5658

让鸽子开公交车？看不见的数学如何影响我们的日常
RANG GEZI KAI GONGJIAOCHE KANBUJIAN DE SHUXUE RUHE YINGXIANG WOMEN DE RICHANG

著　　者	［英］伊恩·斯图尔特
译　　者	何　生　胡智杰
责任编辑	王　颂
特约编辑	肖　瑶
装帧设计	文和夕林
内文制作	陈基胜
出版发行	民主与建设出版社有限责任公司
电　　话	（010）59417747　59419778
社　　址	北京市海淀区西三环中路 10 号望海楼 E 座 7 层
邮　　编	100142
印　　刷	山东韵杰文化科技有限公司
版　　次	2023 年 12 月第 1 版
印　　次	2024 年 1 月第 1 次印刷
开　　本	850 毫米 ×1168 毫米　　1/32
印　　张	13.625
字　　数	229 千字
书　　号	ISBN 978-7-5139-4434-2
定　　价	68.00 元

注：如有印、装质量问题，请与出版社联系。

中文版序言

　　我很感谢理想国和译者让我的新书得以和中国读者见面，这本书的主旨是纠正某些人怀有根深蒂固的对数学的偏见。首先，它用非技术语言描述了我所从事的这门学科在人们日常生活中的影响，这种影响出现在各种令人称奇的应用里，几乎惠及所有人。其次，它也展示了如今的数学已经远远超出基础教育所教授的范围。被人们误解的不仅是数学的使用范围，还包括数学的本质。

　　在许多国家，只要不是数学家，大多数人似乎认为数学——他们指的仅仅是自己在学校里以"数学"之名学的那些——是完全无用的。一定程度上，这是因为他们很少（如果有的话）会使用自己学到的那些知识。我们扪心自问，最近一次因日常需要而求解代数方程是什么时候的事？

我都不记得上次算这个是什么时候了——如果有过的话。某些原因在于这些国家的教育体系，它们注重学习算术和代数的计算方法，目的是算出正确的结果；而像"这些东西有什么用？"之类的关键问题却很少在意。这不是教师的错，他们必须按既定的教学大纲上课。仅仅教授这些方法是非常耗时的，这样就几乎没有时间解释如何应用数学。这也不是编制教学大纲的人的错。

这不是任何人的错。人们没有意识到数学在生活中扮演着重要角色的原因有很多。许多最重要、最有趣的数学应用都涉及非常高阶的思想，这些思想在基础教育里不会教，也教不了。它们涉及的概念太抽象、太复杂、太困难。即使用到数学的时候，人们实际上也不只是在计算，可他们看不到在其中发挥作用的数学，他们所看到的只是几个月前、几年前甚至几个世纪前某个人在千里之外用数学得到的结果。每一部智能手机、每一台计算机、每一架照相机、每一个医疗程序或每一种药物——所有这些都依赖于复杂而精密的数学，但这些数学都嵌在了软件和集成电路中，隐藏在人们的视线之外。确实如此，如果我给朋友打电话，我并不会想算纠错代码，也不会想试试手机信号传输所涉及的复杂计算。即使我真的想这么做，我的生命也不足以完成发送一句话所需的计算。我每天都在解代数方程，但我没有意识到这一点，因为我的手机默默完成了这些。

中国是一个相对更重视数学的国家，并以数学技能而闻名，所以我猜想这种态度并不普遍，但数学的隐蔽性仍然掩盖了它真正的重要性。如今，世界各地的人类文明都严重依赖复杂的技术，而复杂的技术又依赖高等数学——当然还有其他许多学科。事实上，数学的每一个分支，无论它们看起来是多么的抽象和雅致，都有其应用，而这些应用使我们有了如今的生活方式。倘若我们的数学能力在一夜之间消失，我们很快就会为生存而挣扎，尤其是现在已经有了近80亿人口。

过去，数学的实际应用更显而易见。《九章算术》是古代数学的伟大著作之一，它是在公元前10世纪至2世纪的几代中国学者的共同努力下写成的。与古希腊的数学不同，《九章算术》侧重于解决问题和寻找最通用的方法。数学家可以在这本书里找到许多熟悉而重要的概念，其中包括基础算术、西方人所称的毕达哥拉斯定理、圆的面积和球的体积的公式、非常精确的 π 值、代数方程的解法……许多结果在欧洲人重新发现它们之前很久就由中国人发现了。《九章算术》有一个最显著的特点，即其中的数学思想是通过数学在日常生活里的应用呈现的。这些生活场景包括计算土地面积、交换粮食等基本商品、规划合理的税制、贩卖动物等。

如今，数学和日常生活之间的大部分直接联系已经丢失。虽然它们还有联系，但都被掩盖了。这就是很多人低估数学的原因。这种情况不足为奇，如果没有人介绍数学的用途，那么人们也就没有理由花时间去探究数学的深层含义，并找出数学在其中发挥的真正作用。其中的来龙去脉需要数学家来告诉人们。本书的意义就在于此。

正如本书所述，我将重点放在与其自身用途并没有明显关系的那些数学思想的应用上。其中的一个例子是19世纪发明的一种新的数——四元数，如今它被广泛地应用于计算机动画。另一个例子是空间填充曲线，它最初是用来推翻长期存在但并未得到证明的假设的，该假设与面积和维度有关，但却在制定有效的交货时间表方面发挥了作用。我尽可能不用那些更为直接的应用，比如用于丈量的三角学、用于客机的空气动力学方程，或是流行病建模——因COVID-19流行，这是时下非常热门的主题。不是因为它们不重要，也不是因为其中的数学含金量不足，而是因为它们没那么令人惊讶。

伟大的物理学家尤金·维格纳将这种应用称为"数学的出人意料的效果"。他选择了"出人意料"这个词来表达其中令人惊讶的成分。当某种工具的发明是为了完成一项特定任务时，它在这项任务里发挥作用并不足为奇。但是，当相同的工具后来被证明具有另一种完全不同的用途，这便是发明它的人从来没有预料到的，用"出人意料"来形容就再合适不过了。全世界的数学家都非常清楚他们从事的这门学科是多么有效，无论是情理之中的还是意料之外的。是时候让全世界都明白这一点了。我希望这本书能对人们在这方面的理解有所帮助。

伊恩·斯图尔特

2021 年 11 月于考文垂

目　录

01

出人意料的效果

能用数学语言巧妙而又贴切地表达物理定律是一种绝妙的天赋，而我们既不能明白又不配拥有它。我们应该对此心怀感激，希望它在未来的研究中仍然有效，并且能被发扬光大，无论它是好是坏，也无论它带来的是快乐还是困惑。

——尤金·维格纳，

《数学在自然科学领域的出人意料的效果》

数学有什么用？

在我们的日常生活中，数学究竟为我们做了什么？

在不久之前，这个问题的答案还显而易见。每个市民都会用到基本的算术知识，即使只是在购物时查验账单。木匠需要知道基本的几何知识，测量员和航海人员需要会三角函数，而工程师则需要精通微积分。

但如今的情况不同了。超市的收银机会算好账单，包括所有折扣和销售税。当激光扫描条形码时，我们会听到"哔哔"声，只要这些"哔哔"声和商品匹配，我们就认为这些电子设备知道它们在做什么。许多职业依旧依赖广泛的数学知识，但即使是在这些领域，我们也已经把大部分的数学放进电子设备的内置算法里。

我的学科正是因其自身不被人注意而格外出色。"大象"根本不在房间里。

现在的人们很容易得出这样一个结论：数学已经过时。但这种观点是错误的。没有数学，眼前的世界将会分崩离析。作为证据，我将向你展示它在政治、法律、肾脏移植、超市配送安排、网络安全、电影特效和弹簧制造等方面的应用。我们将会看到数学如何在医疗扫描仪、数码相机、光纤宽带和卫星导航中发挥重要作用。我们还会看到它如何帮助我们预测天气变化，以及如何保护我们免受恐怖分子和网络黑客攻击。

值得注意的是，许多这样的应用都依赖数学，而相关数学的诞生则是出于完全不同的原因，它们通常只是数学家凭感觉而诞生的产物。在创作本书的过程中，意外一直包围着我，因为我发现了一些做梦都不会想到的东西。它们经常会用到一些我从未想过能有实际应用的领域，比如空间填充曲线、四元数和拓扑学。

数学，是一个无边无际、充满创造力的思想和方法体系。它就静静地躺在那些让 21 世纪焕然一新的变革性技术下面，比如电子游戏、国际航空旅行、卫星通信、计算机、互联网、移动电话。[1]你只要滑动一下手机屏幕，就能感受到数学所放出的光芒。

请不要当真。

*

有一种趋势认为，如今万能的计算机，正在让数学家甚至是数学本身逐渐过时。但事实上计算机永远不会取代数学家，就像显微镜不会取代生物学家一样。计算机改变了我们研究数学的方式，但它主要是把我们从枯燥乏味的工作中解脱出来。它们给予我们思考的时间，帮助我们寻找规律，它们化身为强大的武器帮助我们更快、更高效地推进研究。

事实上，无处不在的物美价廉的计算机正是数学越来越重要的主要原因。它们的出现为将数学应用于现实问题提供了新的机会。那些曾经需要大量计算而无法实现的方法，如今已然成为常规方法。在笔算时代，最伟大的数学家会对需要数十亿次计算的方法感到无助。而如今，我们经常会用这样的方法，因为我们有技术，可以在一瞬间完成所有计算。

我必须补充一点，和无数其他专业一样，数学家长久以来也一直走在计算机革命的前沿。比如乔治·布尔，他开创了符号逻辑，构成了时下计算机架构的基础。又比如艾伦·图灵，他的通用图灵机是一种可以计算任何可计算对象的数学系统。还有穆罕默德·花拉子密，他在 820 年左右的代数著作中强调了系统化计算过程的作用，如今人们以他的名字 Algorithm（直译为"算法"）命名这种过程。

大多数赋予计算机强大能力的算法是基于数学的。许多相关技术用的是现成的数学思想，比如谷歌的页面排序算法（PageRank），它量化了每一个网站的重要性，并以此建立起一个价值数十亿美元的产业。即使是人工智能领域当下最流行的深度学习算法，也使用了经过验证的数学概念，比如矩阵和加权图。即便是一些常见的方法，比如在文档里搜索某串特定字符之类的常规任务，也涉及一种叫作有限状态自动机的数学工具。

数学的作用在这些激动人心的进步中似乎不再那么明显。所以，当下次媒体宣传某些计算机神奇的新能力时，请记住，在科技的翅膀下有许多数学的贡献，当然，也有很多工程、物理、化学和心理学的贡献。倘若没有这些隐秘的帮手，这些数字巨星就无法稳稳地站在聚光灯下。

*

数学在当今世界的重要性很容易被低估，因为几乎所有的数学都是在幕后进行的。走在城市的街道上，你会被各种各样的标志淹没，它们宣传着银行、果蔬商店、超市、时装店、汽修间、律师、快速餐饮、古董行、慈善机构，以及其他上千种活动和职业的重要性。但你找不到任何一块牌匾上写着"咨询数学家"，你也无法在任何超市买到罐装数学。

然而，只需再深挖一点，数学的重要性很快就会显现。空气动力学的数学方程对设计飞机至关重要。导航依赖三角函数。我们今天运用它的方式与克里斯托弗·哥伦布的方式已然不同，因为我们把数学"装"进了电子设备里，而无须再用笔、墨和航海表，但它们的基本原理是差不多的。新药物的研制依赖统计学来保证药物的安全性和有效性。卫星通信需要深入了解轨道动力学。天气预报需要求解大气运动方程组，它包含了湿度、温度，以及所有这些特征之间的相互作用。这样的例子还有成千上万个，我们之所以没有发现它们和数学有关，因为我们不需要知道这些就能从中获益。

是什么让数学广泛地在人类活动的各个领域这么有用呢？

这不是一个新问题。1959 年，物理学家尤金·维格纳在纽约大学做了一个著名的演讲[2]，题目是《数学在自然科学领域的出人意料的效果》（The Unreasonable Effectiveness of Mathematics in the Natural Sciences）。他主要阐述的是在自然科学领域的情况，但这种出人意料的效果也可以发生在农业、医学、政治、体育等领域中。维格纳希望这些效果能拓展到"广泛的学习领域"，而事实也的确如他所愿。

维格纳的演讲标题里有一个很显眼的关键词：出人意料。通常来说，大部分数学的应用是情理之中的，尤其是当你弄明白解决某个重要问题或者发明某样有用的小工具所涉及的方法时。例如，工程师用空气动力学方程来帮助设计飞机，这就完全是情理之中的，也是创立空气动力学的初衷。许多在天气预报领域使用的数学之诞生也是如此。统计学源于对人类行为数据里的宏观规律的发现。设计变焦眼镜需要用到大量的数学知识，虽然它运用更多的是光学知识。

在维格纳看来，当数学发展的最初动机与最终应用之间没有了这种联系时，数学解决重要问题的能力就会变得出人意料。维格纳在演讲时先说了一个故事，我将大致复述一下。

有两位老同学见面，其中一位是研究人口趋势的统计学家，他给另一位看了一篇他的研究论文。这篇论文从统计学的标准公式入手，即所谓的正态分布（也叫"钟形曲线"）。[3]他解释了其中各个符号的意义——这个是人口规模，那个是样本均值，以及公式是如何实现不需要统计每个人就能推算整体规模的。他的同学觉得他在开玩笑，但不太确定，所以就问他论文里的一些其他符号。最终，他问到了符号"π"。

"那是什么？看起来很眼熟。"

"是的，这是 π，就是圆的周长和直径的比值。"

"现在我明白你是在逗我了，"朋友说道，"圆怎么可能和人口规模扯上关系呢？"

关于这个故事，第一个有趣的点在于，朋友的怀疑是完全合理的。常识告诉我们，这两个完全不同的概念之间没什么联系。天哪！一个是几何，另一个是人口。第二个有趣的点是，这两者之间还真是有联系的。钟形曲线有一个公式，恰好包含了 π 这个数。这不是为了方便而选取的近似值，它真的就是我们熟悉的那个 π。但它出现在钟形曲线里的原因并不太显而易见，即使对数学家来说也是如此。需要有高阶微积分知识才能明白它为什么会出现，这就是其不够直观的原因。

让我来跟你讲另一个关于 π 的故事。几年前我们的浴室重新装修，有一位技艺精湛的泥瓦匠来贴瓷砖。他叫斯宾塞，他看到我写了一些畅销数学书籍。"我有一道数学题想请教你，"他说，"我要铺一个圆形的地面，我得知道它的面积来计算我需要多少块瓷砖。这是他们教我的公式……"

"π 乘以 r 的平方。"我干脆利落地答道。

"对，就是这个！"于是我教他怎么具体计算。他高兴地离开了，带着他的瓷砖难题、一本我的签名书，还有一个他不再坚持的执念——曾经在学校里学过的数学知识对他现在的工作毫无作用。

这两个故事之间的区别很明显。在第二个故事当中，π 的出现本来就是为了解决那类问题。这就是一个关于数学效果的简单而又直接的故事。而在第一个故事中，

π 也出现并解决了问题，但它的出现令人惊讶。这个故事也说明了出人意料的效果：将一个数学概念应用到另一个与该概念起源毫不相干的领域。

＊

在本书中，我不打算讲太多意料之中的数学应用。它们很有价值，也很有趣，而且是构成数学殿堂的重要部分，它们和其他东西一样都是数学的一部分，它们同等重要；但它们不会让我们惊讶得从座位上跳起来大叫一声"哇！"。它们还会误导掌权者，让他们产生这样的想法：提高数学水平的唯一方法是以问题为导向，所以应该让数学家针对问题去发展所需要的数学领域。这种以目标为导向的研究并没有错，但这样对待数学却无异于自断一臂。历史无数次向我们证明，数学的另一只手臂即人类惊人的想象力的力量。赋予数学如此强大能量的正是这两种方式的结合，二者相辅相成，相得益彰。

举个例子。1736 年，伟大的数学家莱昂哈德·欧拉把他的关注点转移到一个人们在桥上散步的小问题上。他知道这很有意思，因为它似乎需要一种全新的几何形式，一种抛弃了常规的长度和角度概念的几何。但他不可能想到，在 21 世纪，由他的解决方案所产生的学科会帮助很多患者进行肾脏移植手术，从而挽救无数生命。一开始，肾脏移植在当时似乎是个纯粹的幻想，更不用说任何关于肾脏移植会和桥上散步的谜题扯上关系的想法，那简直太荒谬了。

又有谁会想到，空间填充曲线（通过实心方阵内所有点的曲线）的发现，可以帮助外卖平台计划配送路线呢？那些在 19 世纪 90 年代研究这些概念的数学家自己肯定想不到这一点——他们只对如何定义诸如"连续性""维度"这样的深奥概念感兴趣，并且开始意识到之前所珍视的数学信念可能是错的。许多他们的同行开始抨击这种雄心，认为它压根儿就是消极且错误的。但最终每个人都意识到，活在自己的傻瓜天堂里是不对的，天堂被认为一切都是完美的，而事实并非如此。

能被这样用的不仅仅是以前的数学。肾脏移植的方法依赖于欧拉原始发现的众多现代化拓展，其中包括用于组合优化的强大算法。所谓组合优化，就是从大量候选项中挑出最佳选择。电影动画师运用的无数数学技巧中，有许多是在十年前甚至是近期才出现的。比如说"形状空间"，它是一个无限维的曲线空间，如果图形之间仅仅是坐标发生了变化，那么这些图形仍然被认为是相同的。它们使动画序列看起来更流畅、更自然。另一个最近的成果是"持续同调",它的出现是由于纯数学家希望计算复杂的拓扑不变量,从而确定几何形状中的多维孔洞数量。这个概念也被证实可以为传感器网络实现全面覆盖提供有效的方法,进而保护建筑或军事基地免受恐怖分子或其他罪犯袭击。"超奇异同源图"是源于代数几何的抽象概念,可以使互联网通信不受量子计算机的安全威胁。它们是如此之新,虽然目前仍处于最原始状态,倘若能充分发挥其潜力,它们必将替换今天的密码系统。

数学并不是偶尔才会带来这样的惊喜,这样很好。事实上,在许多数学家看来,这种惊喜恰恰是数学最有趣的地方,也是把它当作一门"学科"的主要理由,它并不是那种五花八门的小把戏,一个问题对应一个花样。

维格纳继续讲道:"数学在自然科学中发挥的巨大作用几近神秘……这种作用没什么合理的解释。"的确,数学在一开始就是由科学问题产生的,但维格纳并没有对这门学科在其原本服务的领域里的效用感到不解,让他感到困惑的是它在那些显然无关的领域里的效用。微积分起源于艾萨克·牛顿对行星运动的研究,所以用它来帮助我们理解行星运动也就不足为奇。然而,令人惊讶的是,它可以被用于统计人口,分析第一次世界大战期间亚得里亚海的捕鱼数量变化[4]，管理金融领域的期权定价，帮助工程师设计客机，甚至在电子通信领域它也至关重要。因为微积分本来并不是为了它们而发明的。

维格纳是对的。数学在自然科学和人类活动的大多数领域里不请自来地反复出现的方式很神秘。有人认为，宇宙是由数学"构成"的，而人类只是在发掘其中的基本要素。我不会在这里争论，但如果这个说法是对的，那么原本很神秘的问题就会被另一个更神秘的问题取代——为什么宇宙是由数学构成的？

*

更确切地说，维格纳认为数学有几个特征，可以帮助其实现这些出人意料的效果。第一，数学与自然科学有着诸多联系，它们在人类世界里化身为充满变革性的技术。这一点我很同意。许多伟大的数学创新都来自科学进步的需要，另一些则来自人类的重视。例如，数源于基本的计数（我有多少只羊？）；几何学源于"测量大地"，它与土地税和古埃及金字塔的建造密切相关；三角函数源于天文、航海和绘制地图。

然而，仅凭这一点并不能令人信服，因为许多其他伟大的数学进步并不是出于科学或某些人类面临的问题。质数、复数、抽象代数、拓扑学——这些发现或发明的原始动机都是人类的好奇心和对模式的追求。这是数学如此有效的第二个原因，即数学家用它寻找模式并梳理其中潜在的结构。他们追求的不是形式上的美，而是逻辑里的美。当牛顿想搞清行星的运动时，他便开始像数学家一样思考并在原始的天文数据里寻找更深层规律，最终找到了结果。紧接着，他便提出万有引力定律。[5] 类似地，许多伟大的数学思想最初也没有付诸实践的想法。17 世纪，以研究数学为乐的律师皮埃尔·德·费马在数论方面取得了重大成果，他发现了常规整数里蕴含的深层规律。但直到三个世纪后，数论领域才取得实际用途，倘若没有它，如今互联网上的商业交易就不可能实现。

自 19 世纪末以来，数学的另一个特征开始变得越来越明显，那就是普遍性。不同的数学结构具有许多共同特征。初等代数的规则与算术规则一样，各种几何学（欧氏几何、射影几何、非欧几何、拓扑学）彼此都密切相关。这种内在的统一性，可以通过遵循特定规则的一般结构，从一开始就变得很明确。理解了普遍性，所有特例也会变得显而易见，这样可以大大节省精力，否则我们就会因略有不同而重复大量本质上相同的工作。然而，这样也会带来一个缺点——它往往使这门学科变得更加抽象。不仅是熟悉的事物里会有普遍性，拿"数"来打比方的话，普遍性要求任何事物都必须遵循和"数"一样的规律，如"诺特环""张量范畴"或"拓扑向量空间"。当这种抽象走向极致时，就会很难理解普遍性到底是什么，更不用说运用它了。然而，人类世界的运转如今已经离不开它们。你想用"奈飞"（Netflix）吗？那就得有人用数学来实现。事实就是如此，它并不魔幻。

数学的第四个特征是可移植性，这和我们上面讨论的密切相关。它是普遍性所产生的一个结果，这也是为什么抽象是必要的。它的意思是，不论一个数学概念源于什么问题，其都具有这种普遍性，能够让它在完全不同的问题上发挥作用。所有可以在合适的框架里被重新定义的问题会变容易。要创建具有可移植性的数学，最简单也最有效的方法就是从一开始就有很好的普遍性，使其得以更好地应用可移植性。

在过去的两千年里，数学的灵感主要来自三个方面：大自然、人类活动，以及在人类思维模式中内化的寻找规律的倾向。这三个支柱支撑着整个数学。令人惊奇的是，尽管动机各有不同，但数学始终是一件事。无论这门学科里的各个分支源自何处，它们都与其他分支紧密相连，而且这种联结变得越来越紧密，它们盘根错节，不可分离。

通过这种意想不到的方式，我们引出了数学的第五个特征——统一性。随之而来的还有第六个特征，接下来我会细细讲述，那就是它的多样性。

实在性、美、普遍性、可移植性、统一性、多样性，所有这些共同组成了数学的实用性。

就是这么简单。

02

政客是如何收割选民的

安科–莫波克 *（Ankh-Morpork）捣鼓了许多种不同政体，最终搞出了一种名为"一人一票"的民主形式。贵族首领便是所谓的人：他有投票权。

——特里·普拉切特，《新手死神》†

古希腊人给世界带来了许多东西，如诗歌、戏剧、雕塑、哲学、逻辑。他们还给了我们几何学和民主，它们之间的联系比人们想象的要紧密得多——尤其对古希腊人而言。可以肯定的是，古代雅典的政治体制是一种

---

* 《碟形世界》里的一个城邦。——本书脚注均为译者注

† 特里·普拉切特创作了"碟形世界"系列小说，《新手死神》（*Mort*）是其中的一部。

非常有限的民主制度：只有男性自由人才能投票，妇女和奴隶都没有权利。即便如此，在一个充斥着世袭统治者、独裁者和暴君统治的时代里，雅典的民主具有明显的先进性。在亚历山大的欧几里得引领下的古希腊几何学，强调要让基本假设清晰且精确，以及通过逻辑和系统化方法从这些假设中推导出一切的重要性。

究竟怎样才能让数学应用于政治呢？政治是关乎人际关系、协议和义务的，而数学则是冰冷抽象的逻辑。在政治圈子里，修辞胜过逻辑，无情的数学计算似乎与政治争吵毫无瓜葛。然而，民主政治是按照规则进行的，这些规则在最初被制定时，它们所产生的后果并不总是可以被预见的。欧几里得在几何学上的开创性工作，为从规则中推导出结果设立了一个标杆，这些工作被收录在著名的《几何原本》中。事实上，对数学而言这是个不错的定义。总而言之，在仅仅 2500 年之后，数学正开始渗透到政治领域。

民主有一个奇怪的特点，那些声称奉行"由'人民'做决定"理念的政客，都不辞辛劳地反复确保这种情况不会发生。这一趋势可以追溯到最早的古希腊民主，当时只有雅典成年男性拥有选举权，这些人约占成年人口的三分之一。从通过民众投票选举领导人和决定政策的想法被构想出来的那一刻起，通过控制投票的对象和投票的有效性以破坏整个过程的想法就更令人着迷。这很简单，即使每一个选民都有一票也是如此，因为选票的有效性是由其所处的环境决定的，而环境是可以操控的。正如新闻学教授韦恩·道金斯所说，这相当于政客捞选民的票，而不是选民用票挑政客。[1]

数学在这里登场了。它出现在辩论规则的结构及其所适用的环境里，而不是在针锋相对的政治辩论上。数学的分析是把双刃剑。它可以搞出操纵选举的新诡计，也可以让人们注意到这种做法，用充分的证据锁定这种破坏行径，有时候还可以阻止破坏发生。

数学还告诉我们，任何民主制度都必须包含妥协的元素。你不可能拥有你想要的一切，不管它们是多么的理想，因为这些理想是自相矛盾的。

*

1812 年 3 月 26 日，《波士顿公报》（*Boston Gazette*）为全世界带来了一个新词：格里蝾螈（gerrymander）。起初，这个词的拼法是 Gerry-mander，是由两个标准词合成的，后来，刘易斯·卡罗尔将其定成合成词。"mander"

是"salamander"（蝾螈）的后缀，而"Gerry"则是马萨诸塞州州长埃尔布里奇·格里的姓。我们无从考证是谁首先把它们拼在一起的，但考虑到当时的情况，历史学家倾向于认为是《波士顿公报》编辑内森·黑尔、本杰明·罗素或约翰·罗素中的一位。顺便说一句，"Gerry"的"G"为硬G（发 /g/ 音），和"Gary"发音一样；而"gerrymander"的"G"为软G（发 /dʒ/ 音），就像"Jerry"。

埃尔布里奇·格里干了什么，让他的名字和像蜥蜴一样的东西合体（在中世纪的民间传说里，人们认为这种生物住在火里）？

答案是：操纵选举。

更准确地说，格里负责了一项重新划分马萨诸塞州参议院选举地区边界的法案。只要有划分，自然会产生边界：长期以来，这种情况在大多数民主国家一直很普遍。公开是出于实用性的考量，如果每项提案都由整个国家投票表决，那么会很不方便。（瑞士比较接近这种情况：联邦委员会每年最多选取四次提案供公民投票，它们本质上是一系列全民公投。但另一方面，那里的妇女直到1971年才获得选举权，有一个州甚至一直坚持到1991年。）长期以来的解决方案是选民们选出人数少得多的代表，并让这些代表做决定。有一种比较公平的方法是比例代表制，即某一政党的代表人数与该政党获得的选票数量成比例。而更常见的做法是，人口被划分到选区，每个选区选举一定数量的代表，其数量大致与该地区的选举人数成比例。

例如，在美国总统选举中，每个州投票给特定数量的"选举人"——选举人团的成员。每个选举人有一票，谁成为总统是由这些选票的简单多数决定的。当时，将信息从美国腹地传递到权力中心的唯一方式是骑马或乘马车，这套系统是在那样的年代诞生的，而长途铁路和电报是后来才有的。当时，计算大量的个人选票过于缓慢[2]，而这种制度也把控制权给了选举人团的精英们。在英国的议会选举中，国家被分成（主要是按地域划分的）不同选区，每个选区选举一名国会议员（Member of Parliament，缩写为 MP，在英国政体中专指下议院议员）。然后，拥有最多议员的政党（或联合政府中的政党）组建政府，并通过各种方法选出其中一名议员担任首相。首相拥有相当大的权力，在很多方面更像是一位总统。

将民主决策交由少数人把关还有一个隐蔽的原因，那就是投票更容易被操纵。所有这样的制度都有先天性缺陷，往往会导致奇怪的结果，有时还会被用来藐视人民的意愿。在最近的几次美国总统选举中，选民投给败选的候选人总票数要大于获胜的候选人票数。我同意，目前的总统选举方法并不是基于普选的，但有了现代通信后，它没有改变为一个更加公平的制度的唯一原因是有很多权力人士喜欢它现在运作的方式。

这里的根本问题在于"白白浪费的选票"。在每个州，候选人需要获得总票数的一半再加上一票（如果总票数是奇数，则需要再得到半张票）才能获胜；任何超过这个范围的额外选票对选举人团阶段的情况都没有影响。因此，在2016年总统大选中，唐纳德·特朗普和希拉里·克林顿分别获得了304张和227张选举人票，但克林顿比特朗普多了287万张普选票。特朗普由此成了第五位输掉普选的美国总统。

美国各州的边界实际上是不能动的，所以上面的情况并不是一个选区划分的问题。在其他选举中，选区边界可以被重新划定，并且通常由执政党执行，这样就会出现一个更隐蔽的缺陷。换句话说，该政党可以通过划定边界，以确保反对党的大量选票被浪费。就像埃尔布里奇·格里搞的参议院投票。当马萨诸塞州的选民看到选区地图时，大多数看起来完全正常，除了一个选区：该州西部和北部的12个县被合并成一个曲折蜿蜒的不规

格里蝾螈，人们认为这是由埃尔卡纳·蒂斯代尔作于 1812 年

则区域。一位政治漫画家——可能是集画家、设计师和雕刻家于一身的埃尔卡纳·蒂斯代尔——很快就在《波士顿公报》上发表了一幅绘画，那块区域在画上就像是一只蝾螈。

格里是民主共和党人，该党的竞争对手是联邦党。在 1812 年的选举中，联邦党人赢得了众议院和州长职位，这使得格里被迫下野。然而，他对州参议院选区的重新划分却成功了，民主共和党轻松地拿下了该地区。

*

不公平划分选区的数学研究始于对如何划分选区的观察。其中主要有两种策略：集中和分化。集中是指尽可能均匀地分散自己的选票，让自己在尽可能多的地区保证成为微弱多数，同时将剩下的部分让给对手。反之就没那么客气，分化就是把反对派的选票搞得支离破碎，使他们失去尽可能多的选区。比例代表制，即代表的人数与每个政党的总票数（或尽可能接近总票数）成比例，可以避免这类花招，也更加公平。不出所料，美国宪法将比例代表制判为非法，因为根据现行法律，每个选区必须只产生一名代表。2011 年，英国就另一种选择——单一可转移票制——举行了公投，结果民众投票反对这一改变。在英国，从来没有就比例代表制进行过公投。

以下展示的是集中和分化在理想化情况下的工作原理，其中的地理状况和投票分布都非常简单。

有"光明"和"黑暗"两个政党争夺杰里曼迪亚州。

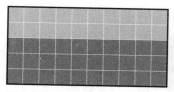

将 50 块区域均分为 5 个选区，每个选区有 10 块区域

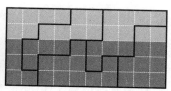

集中使光明党拿下 3 个选区，而黑暗党只有 2 个

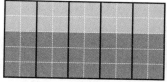

分化使黑暗党拿下所有 5 个选区

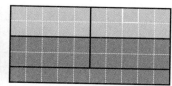

这种划分会带来比例代表制

瓜分杰里曼迪亚州

这个州有 50 块区域，将被划分成 5 个选区。在最近的选举中，光明党在 20 块区域中占多数，它们全部都在北部，而黑暗党在 30 块南部区域占多数（如左上图所示）。在上次投票中险胜的光明党政府重新划分了该州的选区，将更多的选民集中到 3 个选区（右上图），从而赢得了 3 个选区，而黑暗党只拿下 2 个选区。随后，黑暗党在法庭上质疑了这种重新划分选区的做法，理由是选区的形状显然是不公平的，他们还设法得到了下次选举时重新划分选区的控制权，通过分化来确保自己将赢得所有五个选区。

如果每个选区必须由 10 块小正方形区域组成，光明党通过集中能得到的最好结果是拿下 5 个选区中的 3 个。他们要赢得 10 块区域中的 6 块才能拿下这个选区，在此情况下他们控制了 20 块区域（即三个 6 块加一个 2 块，这 2 块就浪费了）。黑暗党通过分化所能达到的最好效果是拿下全部 5 个选区。在比例代表制下，光明党和黑暗党分别得到 2 个和 3 个选区，如前一页图片所示。（在实践中，比例代表制并非通过分区制实现。）

*

被独裁者统治的国家或者等同于独裁的国家，通常通过选举向世界证明它们是多么的民主。这些选举通常是被操纵的，即使允许法律质疑，这些质疑也不会成功，因为法院也是被操纵的。在别的国家，不仅可以对任何重新划分选区的具体案例提出质疑，而且有可能成功，因为法院的判决基本上独立于执政党。当然，这得排除法官的任命是基于党派的情况。

在这些案件里，法官面临的主要问题不是政治，而是找到客观的方法来评估是否发生了不公平的选区划分。对于每一个仔细打量了地图后宣称划分不公平的"专家"

来说，你总能找到另一个持相反结论的人。我们需要比陈述观点和口头辩论更客观的方法。

这显然是数学大显身手的好时机。公式和算法可以在有明确定义的情况下，量化区域的边界以确定其是否公平合理，抑或是否故意为之和带有偏见。当然，设计这些公式和算法本身并不是一个客观的过程，然而一旦它们得到一致认可（这在一定程度上是一个政治过程），相关的每一个人都了解它们后，其结果是可以被独立验证的。这为法院的判决提供了逻辑基础。

明白了政客用来实现党派重新划分选区的秘密方法后，你就可以构造数学上的量或规则来发现它们了。任何规则都不完美——事实上，这已经被证明是不可能的，这一点等有了相关的背景知识后，我会再谈。目前可供使用的方法有五种：

- 检测选区是否奇形怪状。

- 检测席位与选票比例是否不平衡。

- 量化被检分区产生了多少被浪费的选票，并将其与经法律认定有效的选票进行比较。

- 考虑所有可能的选举分区地图，根据现有的选民数据估计可能的结果，并检查所提议的分区地图在统计上是否是一个异常值。

● 双方达成协议以保证最终结果本身是公平的，看起来是公平的，并且这种公平是得到认可的。

第五种方法是最令人惊讶的，而令人惊讶的地方在于它实际上是能被实现的。让我们顺次讨论，把这份惊喜留到最后。

*

首先，是检测奇形怪状。

早在 1787 年，詹姆斯·麦迪逊就在《联邦党人文集》（*The Federalist Papers*）中写道："民主的自然极限是距离中心点的距离，它恰好让在最偏远的公民在他们有公共集会需求时聚集起来。"从字面上讲，他觉得选区应该大致呈圆形，并且不是太大以至于从外缘到中心的旅途时间变得不切实际。

例如，假设一个政党的主要支持者集中在沿海地区，把所有这些选民都集中在单个选区里，就会形成一个细长蜿蜒的形状，沿着海岸一路延伸——这与其他漂亮、紧凑、合理的选区相比，是完全不自然的。我们很难不得出这样的结论：某些滑稽的事情正在上演，这样划定的边界，只是为了确保该党的大量选票被浪费。格里蝾螈式选区往往因其怪异的形状而暴露出它的党派属性，就像最初由此得名的那个选区。

法律界可以无休止地争论何谓奇怪的形状。因此，律师丹尼尔·波尔斯比和罗伯特·波佩尔在1991年提出了一种对某个形状的奇怪程度进行量化的方法，它如今被人们称为"波尔斯比—波佩尔值"（Polsby–Popper）。[3] 其计算方法是：

$$4\pi \times 面积 \div 周长的平方$$

任何对数学敏感的人都会立刻被 4π 这个因子所吸引。就像维格纳的朋友想知道人口规模和圆有什么关系一样，我们也可以试问圆和政治选区又有什么关系。它的答案简单而直接：圆是最紧凑的形状。

这个事实的历史很长。根据古希腊和古罗马的资料，特别是维吉尔的史诗《埃涅阿斯纪》（*The Aeneid*）和格涅乌斯·庞培·特罗古斯的《腓利比历史》（*Philippic Histories*），迦太基城邦的创立者是狄多女王。朱尼安努斯·查士丁在3世纪总结了特罗古斯的历史叙事，它讲述了一个引人瞩目的传奇故事。狄多和她的兄弟皮格马利翁是提尔城的某位不知名国王的共同继承人。国王死后，尽管皮格马利翁很年轻，人民还是希望他能独立统治。狄多嫁给了她的叔叔阿塞尔巴斯，传闻他有一笔秘密的财富，皮格马利翁想得到它们，于是谋杀了阿塞尔巴斯。狄多假装把所谓秘藏的金子扔进了海里，但实际上倒的是一袋袋沙子。由于害怕皮格马利翁震怒，她先是逃往塞浦路斯，后来又逃到了非洲北部海岸。她请求柏柏尔人的王伊阿耳巴斯赐予她一小块土地，好让她在那里休息一段时间。国王答应她，只要是牛皮能圈住的地都是她的。狄多把牛皮割成很薄的细条，用它做成一个圆，围住了附近的一座小山，时至今日，这座小山仍被称为比尔萨山（Byrsa），意思是"兽皮"。这块定居地就是后来的迦太基城，当迦太基变得富饶后，伊阿耳巴斯命令狄多必须嫁给他，否则城市将被夷为平地。她在一个巨大的火堆上献上许多祭品，假装是为了纪念她的第一任丈夫，为嫁给伊阿耳巴斯做准备。随后，她爬上火堆，宣誓要和第一任丈夫厮守，而不是屈服于伊阿耳巴斯的欲望，随即便用剑自杀了。

我们不知道狄多是否真的存在，尽管皮格马利翁确实是存在的，而且有些资料曾提到他和狄多。因此，探寻这个传说的历史准确性毫无意义。尽管如此，这个历史上的传说隐藏了一个数学秘密：狄多用牛皮做圆围住了一座山。为什么是圆呢？因为——如同数学家所宣称的——她知道在给定周长的情况下，圆所包围的面积最大。[4] 这一事实有一个令人印象深刻的名字，叫作"等周不等式"，古希腊人根据经验掌握了它，但直到 1879 年它才被严格证明，复分析专家卡尔·魏尔施特拉斯以此填补了几何学家雅各布·施泰纳发表的五个不同证明里的空白。施泰纳证明了如果存在一个最优的形状，那么它一定是圆，但他没能证明其存在性。[5]

等周不等式指出：

$$周长的平方 \geq 4\pi \times 面积$$

它适用于平面上任何具有周长和面积的形状。此外，常数 4π 是最好的情况，它不能再大了，只有当形状是圆时，"大于或等于"才取等号。[6] 等周不等式使得波尔斯比和波佩尔提出了一个被我称为"波尔斯比—波佩尔值"（缩写为 PP）的量，它是衡量一个形状有多圆的有效方法。例如，以下形状的 PP 值分别是：

$$圆：PP 值 = 1$$

$$正方形：PP 值 = 0.78$$

$$等边三角形：PP 值 = 0.6$$

格里蝾螈的 PP 值约等于 0.25。

不过，PP 值有严重的缺陷。考虑到当地的地理环境，如河流、湖泊、森林和海岸线的形状，产生奇怪的形状有时不可避免。此外，某个选区可以是整齐、紧凑的，但显然被划分得不公平。2011 年宾夕法尼亚州立法机构投票表决的选区划分方案就是看上去被人为地划分得非常扭曲，所以 2018 年州立法机构的共和党人起草了将其取代的提案。根据该州最高法院规定的五项指标，这些选区被视为高度紧凑的，但对这些地区选民分布的数学分析表明，选区边界具有很强的党派色彩，这会使投票结果产生偏差。

甚至制图比例也会造成问题。这里的主要问题是分形几何，分形是一种在所有尺度上都具有详细结构的几何形状。许多自然形状看起来像分形——至少它们看起来比欧几里得的三角形和圆更像分形。海岸线和云层可以被非常有效地按分形来建模，它充分体现了它们复杂的结构。"分形"这个词是由伯努瓦·曼德尔布罗在 1975 年创造的，他是整个分形几何学领域的先驱和推广者。海岸线和河流是曲折的分形曲线，你量出的长度取决于使用的刻度有多精确。事实上，分形曲线的长度从技术上看是无限的，把它翻译成我们的日常用语就是"随着观察越来越仔细，测量出来的长度会无限增长"。因此，律师可以无休止地就周长的测量进行争论，更不用说该地区是否划分得不公平的争论了。

*

既然判断形状是否古怪如此棘手，那么让我们尝试一些更直接的吧。投票结果是否符合选民投票的统计规律呢？

如果有 10 个席位可供争夺，而选民比例四六开，你可能会认为两个政党分别坐拥 4 个和 6 个席位。倘若某政党拿下了全部席位，那你或许会怀疑选区划分得不公平。但事情并没有那么简单。这种结果在"简单多数票当选"的投票系统中很常见。在 2019 年的英国大选中，保守党只有 44% 的选票，但赢得了 650 个席位中的 365 个，占总席位的 56%。工党获得了 32% 的选票和 31% 的席位。拥有 4% 选票的苏格兰民族党获得了 7% 的席位（尽管这是一个特例，因为其选民基础都在苏格兰）。自由民主党获得了 12% 的选票和 2% 的席位。这些差异大多来自区域性的投票模式，而非奇怪的边界划分。毕竟，倘若通过简单多数制让两党中只有一个人胜出——比如总统选举，那么 50%（再加一票）的选票将得到 100% 的职务。

这里举一个美国的例子。在马萨诸塞州，自 2000 年以来的联邦选举和总统选举中，共和党共获得了总票数的三分之一以上。然而，上一次共和党人在该州赢得众议院席位还是在 1994 年。这是因为分区不公平吗？可能并非如此。如果共和党那三分之一的选民在整个州都分布得相当均匀，那么不管怎么划分边界（除非是那种沿着个别选民家庭绕出来的荒唐形状），共和党选民在任何地区的比例仍为约三分之一，民主党会拿下全部。事实也的确如此。

数学家已经证明，在现实世界的选举中，这种影响是不可避免的，不管怎样划分选区——最起码不会把单个城镇分割开。2006 年，马萨诸塞州被分为 9 个国会选区，肯尼思·蔡斯向爱德华·肯尼迪发起了对其参议员席位的挑战。蔡斯共获得了 30% 的选票，但在所有 9 个选区都落选了。对概率的计算机分析显示，在整个州内，所有单个选区范围内的城镇集合（即便它们的分散是不

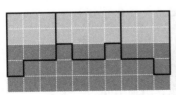

光明党的提案，剩下 2 个选区给黑暗党处理

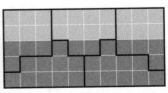

黑暗党所能做出的最紧凑选择

规则的）都没有预测蔡斯会胜选。蔡斯的支持者在大多数城镇中的分布相当均匀，无论你怎么划分选区，他都不可能借此胜出。

回到杰里曼迪亚州的例子，当黑暗党赢得所有5个选区时，光明党反对这种特别的重新划分，理由是矩形选区太过细长，所以黑暗党显然在放任分化的发生。法院裁定各选区应该更加紧凑。光明党规划了3个紧凑的区域，并慷慨地让黑暗党自行选择如何将剩下的地方分成2个选区。黑暗党表示反对，因为这样会让光明党拿下3个选区，而自己只有2个，尽管自己有的票数更多。

这个划分的例子进一步揭示了用紧凑性来检测选区划分是否公平方面的两个缺陷。到目前为止，尽管这按理说是紧凑的，但它使有五分之二选票的光明党拿下了五分之三的选区。此外，它也没法将剩下的部分分成两个紧凑的选区。杰里曼迪亚州的地理情况使得它很难同时实现紧凑和公平。这也许就是不可能的，它取决于如何定义紧凑和公平。

*

既然紧凑性有缺陷，我们还能用什么来发现党派重划选区的猫腻呢？投票数据不仅能告诉我们选举的结果，还会告诉我们倘若投给每个政党的选票发生了特定数量的变化会产生什么结果。例如，如果某个选区投给黑暗党和光明党的票分别是6000张和4000张，那么黑暗党就会取胜。倘若有500名选民从黑暗党转投光明党，黑暗党仍然会赢，但要是该人数变成1001名，那么黑暗党就会输。如果黑暗党和光明党的得票分别是5500张和4500张，那么只需要501名选民就可以改变投票结果。简言之，一个地区的投票数据不仅会告诉我们是哪一方赢了，还会告诉我们它们之间的差距。

我们可以对每个选区做这样的计算，并将结果汇总，看看赢得的席位数量如何随着得票数的变化而变化，从而得到一条"席位—得票"曲线（这条曲线实际上是一条由很多直线组成的折线，为了方便起见，对它做了平滑处理）。左图为在一次不存在不公平划分选区的选举中，曲线应有的大致形状。尤其是当得票率达到50%时，席位数刚好也过了50%的阈值点，并且它应该就该点呈180°旋转对称。

右图则是基于某幅用于宾夕法尼亚州国会选举的选区地图模拟的"席位—得票"曲线（横轴为民主党得票率）。民主党必须获得大约57%的选票才能赢得50%的席位。

该选区地图后来被州议会推翻。

　　美国最高法院曾驳回一些基于这种计算结果得出选区划分不公平的结论的诉讼，也曾驳回基于选区不够紧凑的主张。在 2006 年的 LULAC* 诉佩里案（*LULAC v. Perry*）中，最高法院就曾命令得克萨斯州的少数地区重新划分选区，理由是其中一个选区的划分违反了投票权法案。事实上，尽管最高法院已经宣布党派间的不公平选区划分违宪，但还不曾完完全全地推翻过任何一幅选区划分地图。

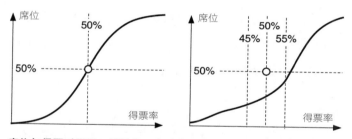

席位与得票对照图。横轴为一个政党从 30% 到 70% 的得票率，纵轴为该得票率将赢得的席位百分比

　　最高法院给出否定判决的一个主要原因是，像"席

---

*　拉丁美裔公民联合同盟。

位—得票"曲线这样的方法依赖于假设选民在不同情况下会怎么做。这对律师来说可能说得通，但在数学上则完全是胡说八道，因为曲线是基于精确定义的程序从实际投票数据中推导出来的。通过转移选票计算出来的曲线并不是由任何一个选民在现实中的行为决定的。这就像看一场比分为101∶97的篮球比赛时，人们会觉得这场比赛的得分一定很接近，而比分是120∶45的比赛则意味着碾压。你并不是在预测每个球员倘若发挥得更好或更差会有什么结果。因此，我们可以把这个方法也加到一个清单里，在这个冗长无味的清单上记录的都是法律无法掌握甚至无法欣赏的基础数学。当然，这个完全符合实际情况的算法所宣称的假设性，确实为不推翻整个得克萨斯选区地图提供了完美的借口。

*

解决有问题的法律判决的最好方法不是试图教育法官，所以那些寻求用数学方法来检测选区划分是否公正的人找了别的方法，而这些方法不会被质疑是似是而非的。不公平的选区划分迫使某一政党的支持者浪费大量选票。一旦你的候选人得到了多数票，额外的得票不会对结果造成影响。因此，有一种量化选区划分是否公平的方法，就是要求两党被浪费的选票数量大致相同。2015 年，尼古拉斯·斯特凡诺普洛斯和埃里克·麦吉定义了一种方法来度量被浪费的选票，即所谓的效用差距。[7] 在 2016 年的吉尔诉惠特福德案（*Gill v. Whitford*）中，威斯康星州的一家法院判决州议会地图非法，而效用差距在该判决中起到了重要作用。为了了解如何计算效用差距，让我们将选举简化为只有两个候选人。

浪费选票主要有两种方式。投给落选人的票是一种浪费，因为这还不如啥都不干。出于同样的原因，在获胜者的选票率达到 50% 后，额外投给他的票也会被浪费。这些说法取决于最终结果，而且颇有些"事后诸葛亮"的味道：在知道结果之前，你并不能确定投票是否会被浪费。在 2020 年的英国大选中，我所在选区的工党候选人获得了 19544 张选票，保守党候选人获得了 19143 张。两党总计有 38687 张选票，而工党终以 401 票的优势获胜。倘若有一个选民决定不去投票，工党仍然会以 400 票的优势成为多数派。但是，只要有略多于 1% 的工党选民决定不去投票，那么保守党候选人就会胜出。

根据浪费选票的定义，保守党选民总共浪费了 19143 张选票，而工党选民只浪费了 200 张。效用差距衡量的是一个政党不得不比另一个政党浪费更多选票的程度。在这个例子中，它是：

被浪费的保守党选票数

减去

被浪费的工党选票数

除以

总票数

即 (19143-200)/38687，约等于 +49%。

这只是一个选区。他们的想法是计算所有选区的效用差距，并通过立法在法律上设定一个目标。效用差距介于 -50% 到 +50% 之间，差距为零代表公平，因为两党浪费了相同数量的选票，所以斯特凡诺普洛斯和麦吉认为，当效用差距超过 ±8% 时，说明选区划分不公平。

然而，这种方法也有一些缺陷。当结果接近时，必然会随之产生巨大的效用差距，这让某些选举会有接近 +50% 或 -50% 的结果。我的选区没有被不公平划分，尽管效用差距有 +49%。倘若只有 201 名工党选民改投保守党，那么保守党的效用差距将变成 -49%。如果某个政党幸运地赢得了所有选区，那么它将被视为是通过不公平地划分选区获胜的，人口因素会让数值失真。在吉尔诉惠特福德案中，辩方正确地指出了这些缺陷，但原告以其不适用于本案为由抗辩成功。不过，他们在通常情况下是对的。

2015年，米拉·伯恩斯坦和穆恩·达钦[8]在效用差距中发现了一些别的缺陷；2018年，杰弗里·巴顿提出了一项改进建议以消除这些缺陷。[9]例如，假设有8个选区，光明党在每个选区都得到90张票，而黑暗党只拿到剩下的10张。光明党一共浪费40×8=320票，而黑暗党浪费10×8=80票，所以效用差距为(320-80)/800=0.3=30%。如果按照建议的阈值（8%），该效用差距值表明对光明党存在党派偏见。但他们赢得了全部8个席位！

再说第二个场景，它可以说明另一个问题。假设光明党以51∶49赢了3个选区，黑暗党以51∶49拿下另外2个选区。在这种情况下，光明党浪费1+1+1+49+49=101票，黑暗党浪费49+49+49+1+1=149票。效用差距为(101-149)/500=-0.096=-9.6%，这表明对黑暗党存在偏见。然而，黑暗党是少数党，不应该寄希望于拿下两个以上席位——尽管它拿下了两席。倘若黑暗党再扳一城，那么少数党就会拿到多数席位。

巴顿认为，这两个问题都与使用未经处理的浪费选票有关。在所有选举中，无论选区如何划分，投给获胜者的多余选票都是浪费的。他用"不必要的浪费选票"取代"浪费选票",计算每个政党注定会浪费的选票比例,然后从前面定义的浪费选票中减去它们。按照前面的定义,它在"席位—得票"图上是一条窄窄的带状区域,其底部和顶部分别落在 25% 和 75%(如下图所示)。为了做个比较,对角线代表理想化的比例代表制。只有投票情况非常接近 50∶50 时,两者才会重合。用"不必要的浪费选票"绘制的对应图片如右图所示,它紧贴在对角线周围,这样更合理。

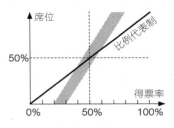

"席位—得票"图显示比例代表制(粗线)和效用差距评估视为公平的区域(阴影区域)

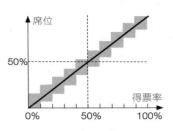

效用差距被修正后的图,其阴影区域分布在对角线周围

*

另一种检测选区划分是否公平的方法是,比较其他(选区)划分的方式在可能的投票样例下整个地区的选举

结果。如果黑暗党提议的地图会让他们得到 70% 的席位，但在其他大多数地图中其席位率只有 45%，那么他们肯定在捣鬼。

这一想法的主要问题在于，即使只是考虑现实中选区和小块土地的数量规模，也不可能穷尽所有情况。这是组合爆炸，它的数值将以极快的速度增长。此外，所有的选区地图都必须合法，这个约束条件在数学上难以处理。幸好，数学家在很久以前就找到了一种规避此类组合爆炸的方法，它就是马尔可夫链蒙特卡罗方法（Markov Chain Monte Carlo，缩写为 MCMC）。相较于调查每幅地图，MCMC 构造了一个地图的随机样本，使其大到足以得到准确的估计。它类似于民意调查通过询问相对较少的随机样本来估计选民的倾向。

蒙特卡罗方法可以追溯到战时制造原子弹的曼哈顿计划。当时，一位名叫斯坦尼斯拉夫·乌拉姆的数学家正在生病静养。他通过玩需要耐心的游戏消磨时间。他想知道自己获胜的概率有多少，于是试着估计一副牌会有多少种可以实现完美通关的牌序，很快他就意识到这种方法行不通。于是他改为自己玩很多局，并计算其中获胜的局数。随后他发现，类似的方法可以用来求解曼哈顿计划所需的一些物理方程。

以俄国数学家安德烈·马尔可夫的名字命名的马尔可夫链，是随机（或醉汉）漫步的一般化理论。有些衣衫褴褛的人在路面上摇摇晃晃、随意地向前或向后走。平均而言，在给定步数的情况下，他们会走多远呢？（答案是：平均来说，大约是步数的平方根。）马尔可夫设想了一个类似的过程，但路面被一个网络所代替，沿着网络边缘的移动都标有特定的概率值。这里的关键问题是：在漫游了很长一段时间后，停在任意一个特定节点的概率是多少？马尔可夫链模拟了许多现实世界的问题，在这些问题中，一连串事件发生的概率都是由当前的情况决定的。

MCMC 就是把这两种方法整合在一起：用蒙特卡罗方法对所需的概率进行抽样。2009 年，统计学家佩尔西·迪亚科尼斯估计，在科学、工程和商业领域的统计分析中，约有 15% 是由 MCMC 驱动的，因此，在判断选区是否公平时，尝试这种强大、成熟、有用的方法是合理的。用马尔可夫链模仿随机漫步的方式生成选区地图，并用蒙特卡罗方法对其进行抽样，就能得到一个非常棒的统计方法，用以评估一个选区划分提案是否具有代表性。还有一种更复杂的数学方法可以证实这些方法，那就是遍历理论，它能保证足够长的随机漫步抽样能得到准确的统计数据。

近来，数学家已经在法庭上为 MCMC 做证。在北卡罗来纳州，乔纳森·马丁利用 MCMC 的估计值同一些数值的合理范围做了比较，比如对某党赢得的席位数而言，如果采用的选区划分在统计上是一个极端的异常值，那么表明这种划分是有党派色彩的。在宾夕法尼亚州，韦斯利·佩格登用统计学方法，计算了政治中立计划的结果比随机漫步计划的结果还要糟糕的可能性有多小，并估算了这种结果纯属偶然的可能性。在这两个案例里，法官认为数学证据是可信的。

*

对不公平划分选区的数学理解有利有弊。它可以帮助选民和法院发现这种情况，但也可以提出更有效的不公平选区划分方案。它可以帮助人们遵守法律，但也可以帮助他们突破法律，或是更糟的——扭曲法律。每当为防止某种滥用而制定技术性规则时，人们就会钻制度的空子，仔细推敲这些规则是否有漏洞。数学方法的最大优点是能让规则本身变得清晰，它还会带来一种全新的可能性。与其徒劳地想要说服彼此竞争的政治利益集团就什么是公平达成一致，好让他们有机会玩弄受法院监管的体制，倒不如让他们自己一争高下。这不是让他们仗着自己所拥有的权势和金钱资源自由混战，而是得在一个确保结果本身是公平的、看起来是公平的，而且各方无法拒绝接受它是在公平的框架里运转。

这似乎包括了很多问题，不过专门用于这个思路的完整数学领域最近已经出现了，那就是公平分配理论。它让我们明白，精心构建的谈判框架可以实现原本看似不可能的目标。

最经典的例子莫过于两个孩子为了分一块蛋糕而争吵。如何使用一种可以被证明是公平的协议（一套预先明确的规则）分配蛋糕呢？比较经典的解决方案是"我切，你选"。让艾丽斯切蛋糕，那么她就会认为两块蛋糕是一样的。然后让鲍勃先选一块，由于蛋糕是他自己选的，那么他就不该有任何异议——他有机会选择另一块。艾丽斯也不应该有异议：如果她认为鲍勃选了更大的蛋糕，那么她一开始就应该把它们切得不一样。如果他们为不知道选谁切蛋糕而烦恼，那就抛硬币决定，但这其实无所谓。

人的本性就是这样，我们不能确定孩子们在分完蛋糕后也是如此。以前，我曾在一篇文章中说过这个方法，有一位读者写信给我说，他在自己的孩子身上用了这个方法，结果他家的"艾丽斯"立即抱怨说"鲍勃"的那块更大。当这位读者指出这是她自己切得不好时，这句话并没有起什么作用——在"艾丽斯"看来，这相当于在责备吃亏的人——所以她父亲把那两块换了一下，结果只是听见女儿哀号道："他的那块还是比我的大！"但这类协议应该会让政客满意，至少能让他们闭嘴，当然它也应该在法庭上得到采纳，法官只需要检查一下程序执行得是否正确。

此类协议的主要特征是，我们不是去想着消除艾丽斯和鲍勃之间的相互敌对，而是利用这种敌意来实现一个公平的结果。不要要求他们公平竞争，不要要求他们相互合作，更不要人为地给"公平"下一些法律上的定义，让他们互相对抗，正大光明地行事就行。当然，艾丽斯和鲍勃必须事先同意遵守这些规则，必须就某些事情达成一致，这些规则显然是公平的，倘若不遵守，很可能会遭到冷遇。

"我切，你选"有一个很重要的特点，它不涉及对蛋糕客观价值的评估，而涉及玩家自身对其价值的主观估计。他们只需要用自己的标准去衡量分配是否公平，也就是说，他们不需要就任何东西的价值达成一致。事实上，如果不需要对事物的价值有一致的看法，公平分配会更容易一些。一个想要樱桃，另一个想要糖粉，谁都无所谓对方的——分配完毕。

当数学家和社会科学家开始认真考虑这类问题时，发现了其中不为人知的重大难点。首先他们想到的是三个人应该如何分配蛋糕。不仅很难轻而易举地找到最简单的方法，而且结果出人意料。艾丽斯、鲍勃和查理都认为结果是公平的，根据自己的计算，他们至少得到了三分之一的蛋糕，但艾丽斯或许仍会嫉妒鲍勃，因为她认为他的份额比自己的大。在艾丽斯看来，查理的份额必须比她的小，才能得到补偿，这并不矛盾，因为鲍勃和查理对自己手里的那份蛋糕的价值有不同的想法。因此，寻求一个不仅公平而且不会产生嫉妒的协议是说得通的。事实上，这也是可以实现的。[10]

20 世纪 90 年代，从史蒂文·布拉姆斯和艾伦·泰勒发现四人无嫉妒分配协议开始，人们对公平且无嫉妒分配的理解取得了重大进展。[11]当然，蛋糕只是用来比喻可分配的有价物品。该理论研究的是可以按照人们的意愿任意划分的物品（如蛋糕），也可以是按块分割的物品（书籍或珠宝）。这使得它适用于现实世界中的公平分配问题，布拉姆斯和泰勒解释了如何使用这种方法来处理离婚纠纷。他们的"调整赢家"协议有三个主要优点：它是公平的、无嫉妒的以及有效的（即帕累托最优）。也就是说，每一方都会觉得自己的份额至少和平均份额一样大，他们不想和其他人交换，也不存在其他的对每个人而言都一样好或对某些人更有利的分配方法。

比如，在离婚谈判中，它的运作方式大致如下。在合作了一辈子加密信息交互后，艾丽斯和鲍勃厌倦了彼此并决定离婚。他们每个人都有 100 点积分，用于为每件物品（房子、电视、猫）赋予一定的分值。初始化时，物品会被分给使它积分最高的人。这是个有效的做法，不过这种做法通常既不公平也会惹来嫉妒，所以协议进入下一个环节。如果两个人得到的（物品的）积分总和相同，那么双方都能很满意地完成分配。但如果得分不同，此时不妨假设根据两人到手的物品计算，艾丽斯的得分比鲍勃的高，那么为了确保两人得分变得相同，物品就会按某种顺序从艾丽斯（赢家）转给鲍勃（输家）。因为物品及其估值是离散的，所以可能会对某些物品本身再做分配，但整个协议使得这种物品最多只有一件，它极有可能是房子，那么就得把它卖了分钱；但如果是鲍勃买的还未上市的苹果公司的股票，那么就可能不是把它卖了分钱了。

"调整赢家"满足公平分配的三个重要条件。首先，它可以确保这个协议是公平的：它被证明是公平的、无嫉妒的且有效的。其次，它通过多边评估发挥作用：个人的偏好被考虑在内，他们所得之物的价值由自己评估计算。最后，它在程序上也是公平的：无论最终达成的方案是什么样的，双方都能理解并验证其公平性保证，如果有必要，法院也可以判决它是公平的。

*

　　2009年，泽弗·兰道、奥尼尔·里德和伊洛娜·叶尔绍夫提出了一个类似的方法用以彻底解决不公平的选区划分问题。[12]它是一种阻止所有参与方出于自身利益进行选区划分、不再让格里蝾螈乱"爬"的协议。这种方法不必考虑地图形状，也没有给所谓公正的局外人影响地图的权力，它所采用的方法是让利益冲突方相互平衡。

　　更棒的是，这些方法还可以考虑其他因素，比如地理上的内聚力和紧凑性。如果需要选举委员会之类的外部机构做最终裁决，那么分区结果可以作为证据的一部分被提交上去以供做出判决。没有人说这样的方法在现实世界中能消除所有的偏见，但它们比现有方法有效得多，而且在很大程度上消解了沉迷于依靠公然不公平做法的诱惑。

　　该协议太过复杂，没办法在这里详细描述，它需要一个独立的中间机构，这个机构会提出整个州的分区方案。然后，各方可以选择通过细分其中的一块分区来改变中间机构提出的地图，前提是另一方可以细分另一块；他们也可以彼此角色互换做类似的操作。它是另一种具有复杂顺序的"我切，你选"。兰道、里德和叶尔绍夫证明了他们的协议从任意一方的角度来看都是公平的。从本质上说，双方在进行一场相互对抗的游戏。但游戏的设计目标是结果为一个平局，双方都觉得自己已经尽了最大的努力。否则，它就本应玩得更好。

　　2017年，阿里尔·普罗卡恰和佩格登对该协议做了改进，去掉了中间机构，让这一切都由对立的双方决定。大致方法是，一个政党将一幅州地图划分为法定数量的选区，每个选区的选民人数（尽可能接近）相等，接着，另一方"冻结"其中一个选区，使得前者无法对其做出进一步改变，然后按照自己的意愿重新划分剩下的区域。开始的一方从新地图上选择第二个选区进行冻结，然后再划分剩下的区域。参与方轮流冻结和重新划分，直到所有区域都被冻结。这就是最终用于选区划分的地图。

如果有 20 个选区，那么整个过程要经过 19 个回合。佩格登、普罗卡恰以及计算机科学的进修生俞鼎力用数学方法证明了这个协议不会给首发玩家带来任何优势，只要另一方不愿意，双方都无法将特定的选民集中到同一个选区。

*

如今，关于选举的数学是一个非常广博的主题，而不公平划分选区只是其中的一个方面。人们在不同的投票制度上做了大量的工作，这些投票制度包括简单多数票当选、单一可转移票制、比例代表制，等等。此类研究中出现的一个普遍主题是，在任何真正的民主制度中，如果你要求选举具备某些你所希望的特征，其结果是，在某些情况下这些要求会相互矛盾。

所有这些结论的"祖母"是阿罗的不可能定理。经济学家肯尼斯·阿罗于 1950 年发表这个定理，并于一年后在他的《社会选择与个人价值》（*Social Choice and Individual Values*）一书中做了解释。阿罗研究了一个分级投票系统，在这个系统中，每位选民为选票上列出的选项进行打分：1 分表示最喜欢的，2 分表示次之，以此类推。针对这样的投票系统，他提出了公平性的三个标准：

- 如果每个选民都倾向于喜欢其中的一个选项，那么整个群体也是如此。
- 如果选民在两个特定选项之间没有什么偏好，那么这个群体对此也没有偏好，即便其他选项的偏好发生了改变。
- 独裁者不可能永远决定群体的选择。

这一切都让人很满意，但正如阿罗所证明的那样，它们在逻辑上是矛盾的。这并不意味着这样的系统一定是不公平的：只是在某些情况下，结果是违反直觉的。

不公平划分选区也有属于它自己的阿罗定理推论。其中一条是由鲍里斯·阿莱克谢耶夫和达斯廷·米克森[13]在2018年发表的，它规定了公平划分选区的三个原则：

- 每人一票：每个选区的选民人数大致相同。
- 波尔斯比—波佩尔紧凑：所有选区的波尔斯比—波佩尔值数都大于法律规定值。
- 有限的效用差距：这一条技术性更强，粗略地说，如果任意两个选区的选民数量和全部选区的总选民数量之比不超过某个固定值，那么效用差距小于50%。

然后，他们证明了不存在总能满足这三个标准的分区系统。

民主永远不可能是完美的。事实上，考虑到其目的是说服数以百万计的人——而他们中的每一个人都有自己的观点——就某些会影响到他们自己的重要之事达成一致，它的效果是惊人的。独裁就简单多了：一个人，一票。

03

让鸽子开公交车

一方面，公交车司机可能会担心鸽子做不到安全地驾驶公交车；另一方面，也许司机更担心的是鸽子无法在城市的各个车站间选择一条有效路径来搭载所有乘客。

——布雷特·吉布森、

马修·威尔金森、黛比·凯利，《动物认知》

莫·威廉斯从三岁起就开始画漫画。由于担心大人言不由衷地赞扬他，他开始写有趣的故事。威廉斯发现，假笑更容易被发现。1993 年，他加入了《芝麻街》的创作和动画团队，并在十年内 6 次赢得了艾美奖。他的儿童电视卡通系列剧《城市小绵羊》讲述了一群羊的故事，当斯贝菲克将军的秘密军事组织希望他为他们配备羊动力射线枪时，羊群在农场里的生活便不再宁静。威廉斯的第一部儿童读物《别让鸽子开公交车！》（*Don't Let the Pigeon Drive the Bus!*）延续了动物主题，并因其动画改编而获得卡内基奖和凯迪克荣誉——如果入围了凯迪克奖，你就能得到这个荣誉。书中的主角是一只鸽子，毫无疑问，他在书中（用文字）搞了各种花招来让读者承认，当普通人类司机突然不得不离开时，应该允许鸽子开公交车。

威廉斯的书在 2012 年产生了一个意想不到的科学后果，当时的权威期刊《动物认知》（*Animal Cognition*）发表了一篇颇具权威性的论文，作者是该领域的权威专家布雷特·吉布森、马修·威尔金森和黛比·凯利。他们通过实验证明，对于著名的数学问题即旅行商问题的简单情况，鸽子可以找到接近最优解的方案。他们的论文标题是：《让鸽子开公交车：鸽子能在房间里规划未来的路线》。[1]

不要说科学家缺乏幽默感，否则就不会有那么有趣的标题来帮着营造声势了。

旅行商问题不仅仅是猎奇，而且是一类具有重大现实意义的问题的一个非常重要的例子，这类问题被称为"组合优化"。数学家有一个习惯，用琐事提出深刻而重大的问题。美国国会议员谴责在扭结理论上浪费公共资金，但他们没有意识到这个领域是低维拓扑的核心，可以应用于 DNA 和量子理论。拓扑学的基本定理包括毛球定理和火腿三明治定理，所以我想数学家需要它，但需要它的不只是数学家。我不介意无知（这在任何人身上都有可能发生），但为什么这些人不会直接请教呢？[2]

不管怎样，主要激发这一章的灵感起源于一本很实用的书，你猜对了，是对旅行商很有用的书。所谓旅行商就是挨家挨户上门的推销员，即使你们都不记得，我也会记得。他们经常出售吸尘器。像所有聪明的商人一样，1832 年的德国旅行商（当时都是男人）非常重视有效地利用时间和削减成本。幸运的是，他们手边有个好助手，它是一本手册：《旅行商——他该如何做、必须怎么做，以获得订单并确保生意兴隆》（一位资深旅行商著）。这位行走四方的年长旅行商指出：

因为生意的关系，旅行商一会儿在这里，一会儿在那里，没有一条旅行路线能正好适用于所有情况；但有时候，合适地选择和安排行程，能在时间上获益良多，我们觉得应该在这方面提供一些规则……重点永远是到访尽可能多的地方，而不必去同一个地方两次。

手册中并没有提及任何数学方法来解决这个问题，但它确实列举了五条据说是最理想的德国旅行线路（其中有一次会途经瑞士）。大多数的短途旅行会到同一个地方两次，如果你要在旅馆过夜，然后在白天参观当地的话，这确实非常实用。但其中有一条线路没有被重复拜访。这个问题的现代解决方案证明了该手册提供的路线非常好，如右图所示。

"旅行商问题"最初的英文名为 Travelling Salesman Problem（缩写为 TSP），后来为了避免性别歧视，salesman 被改成了 salesperson，而修改前后的名词缩写正好相同，都是 TSP。它是如今被称为"组合优化"的数学领域里的开创之例。"组合优化"的含义是"在一系列可能性中找到最佳选择，而这些可能性实在太多，无法在某一时刻核实确认"。奇怪的是，在 1984 年之前，TSP 这个名称似乎没有在任何关于它的出版物中被正式使用过，尽管它很早就在数学家之间的非正式讨论中流行。

对于一个具有如此实用性的源头的问题，TSP 确实把数学界带入了一片非常深奥的领域，其中包括千禧年奖问题："P 是否等于 NP？"其百万美元奖金仍等待着它的主人。就精确的技术意义而言，该问题探寻的是：对给定问题的某个可以被验证是有效的答案（即便是猜的

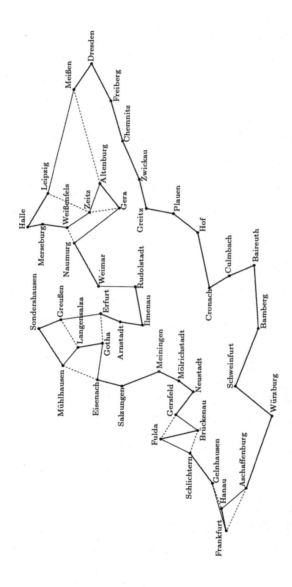

连续的粗实线和细实线为根据 1832 年的手册游历 45 个德国城市（1285 千米）的路线；粗实线和虚线是用现代方法发现的最短路线（1248 千米）

也行）而言，人们是否总是能有效地找到它。大多数数学家和计算机科学家认为答案是否定的：这是理所当然的，检查任何一个特定的猜测都比找到正确答案要快得多。毕竟，如果有人给你看一个已经拼完的 500 块拼图，通常只要快速浏览一番就能知道拼得是否正确——但实际上完成拼图完全是另一回事。不幸的是，拼图游戏并不能实现证明：它们是一个有用的比喻，但从技术上讲并不能解决问题。所以，现在还没有人能证明或证否 P 不同于 NP，这就是一个证明可以让你净赚一百万美元的原因。[3] 稍后我会重新讨论 P ≠ NP，但先让我们回顾一下早期人们为解决 TSP 而做的努力。

*

旅行商都是男性的时代已经一去不复返，紧随而来的是不怎么带有性别歧视的旅行商时代。在互联网时代，公司很少派人带着装满样品的手提箱从这个城到那个镇销售产品，他们把所有东西都放到网上。和以往（出人意料的效果）一样，这种文化的变化并没有让 TSP 过时。随着网上购物量呈指数级增长，对从快递包裹、超市订单到比萨外卖之类的所有运输而言，有效决定路线和时间表的需求变得越来越重要。TSP 或许应该是乐购购物问题（Tesco Shopping Problem）的缩写：配送车的最佳路线是什么？

数学的易移植性也发挥了作用。TSP 的应用并不局限于城镇之间或城市街道上的旅行。在我们客厅的墙上，有一块大大的方形黑布，上面绣着优雅的蓝色螺旋图案，它以著名的斐波那契数列为底图，并用亮片点缀。设计师称其为斐波那契亮片。它是用计算机控制的机器制成的，那机器能够绣出床单大小的任何东西。缝纫线的针紧贴在一根杆子上，它可以沿着杆子滑动，而杆子可以沿着垂直于其本身的方向移动。结合这两种运动，针可以移到任何一处。出于实际考量（时间损耗、机器压力、噪声等），人们不会希望针走得到处都是，所以应该最小化总的距离。这就非常像 TSP 了。这种机器的缘起可以追溯到早期的计算机图形学，它是一种被称为 XY 绘图仪的装置，它以同样的方式来移动笔。

类似的问题在科学领域也比比皆是。从前，卓越的天文学家有他们自己的望远镜，有的也会和同事共用。那时，可以很容易地调整望远镜的方向，让它指向新天体，所以临时改变方向也很容易。但现在，天文学家使用的望远镜体积庞大，造价也极其昂贵，而且还能联网使用，于是情况就不一样了。将望远镜对准一个新目标需要时间，而望远镜在移动时是不能观测的。如果观测目标的顺序错了，就会浪费大量时间来移动望远镜，然后还要将它移回最初的位置附近。在 DNA 测序中，DNA 的碱基序列需要正确地连在一起，而且为了避免浪费计算机时间，还必须优化这一操作的顺序。

从飞机路线安排到计算机微芯片及印刷电路板的设计与制造，都有 TSP 的应用。TSP 的近似解已被用于计算"上门送餐服务"的有效路线以及优化向医院送血的运送。TSP 的一个变体甚至出现在"星球大战"计划中，也就是罗纳德·里根总统设想的那个战略防御计划。在该计划中，会有一束围绕地球运转的强大激光监控着那些蓄势待发的核导弹。

*

卡尔·门格似乎是第一个著述 TSP 的数学家，那时是 1930 年，他的部分工作如今被视为领跑了分形领域。门格对这个问题的切入角度非常不同，他一直从纯数学的角度来研究曲线长度。当时，曲线长度的定义是，通过任意多边形近似该曲线，然后将多边形的每条直线段长度相加后所能得到的最大值。这些多边形的顶点是曲线上有限的点的集合，它们的顺序和在曲线上的一样。门格证明，你可以用曲线上一组有限的点来替换每一个多边形，然后按任意顺序，得到沿这些顶点的所有多边形的距离之和的最小值。门格的最短路径与 TSP 之间的联系在于，可以把多边形顶点看作城镇，从而解决 TSP。门格称其为"信使问题"（messenger problems），他认为它不但适用于旅行商，对邮递员也同样适用，他写道：

> 这个问题可以通过有限的多次试验来解决。人们还没有发现可以把试验次数降低到给定顶点的排列数的规则。从第一个点出发到最近的那个点，然后再从那个点到离它最近的点……按这个规则得到的路径通常不会是最短的。

这段引文表明他理解了问题的两个关键点。首先，存在可以得到答案的算法。只要按顺序把所有路径都试一遍，然后计算它们的长度，看看哪条最短就可以了。可能的路径总数正好就是这些点的排列数，它是有限的。他写道，还没有发现更好的算法，但是，当城镇超过十几个之后，尝试所有可能的路径是无可救药的，因为路径的数量实在太多了。其次，他知道用"显而易见"的方法——从每个点到其最近的点——通常是行不通的。专家称这种方法为"最近邻点法"。下图说明了它失效的一个原因。

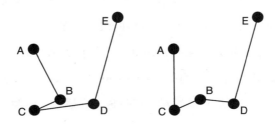

一种让最近邻点法失效的方式。从 A 开始，接下来拜访最近的且从未去过的城镇，得到左图，其拜访路线是 ABCDE；而右图的拜访路线是更短的 ACBDE

1930 年到 1931 年，门格在哈佛大学做了 6 个月的客座讲师，在此期间，伟大的拓扑学家哈斯勒·惠特尼注意到了该问题并提出一些建议。一年后，惠特尼在一次演讲中说，他在（当时）美国的 48 个州中找到了一条最短路线。于是，"48 州问题"的名字流传了一段时间，似乎没有人确切知道是谁首创了更为流行的名字——"旅行商问题"。第一个出现 TSP 这个名字的文献，是朱莉亚·罗宾逊在 1949 年的一份报告。

门格继续研究 TSP 及其相关问题。1940 年，拉斯洛·费耶什·托特研究了一个和它本质上相同的问题：在单位方格中寻找一条通过 n 个点的最短路径。1951 年，塞缪尔·维布朗斯基证明了该路径的长度小于 $2+\sqrt{2\cdot8n}$。各路数学家证明，当 n 不超过某个范围时，这些点的最短路径长度不会大于某个常数乘以 n 的平方根，而随着算出来的常数越来越小，这些证明的质量也在一点点地提高。

20 世纪 40 年代后期，位于加州圣莫尼卡的兰德（RAND）公司是运筹学方面的领导者之一。兰德公司的研究人员在一个相关问题上做了大量研究，它就是所谓的"运输问题"。乔治·丹齐格和特亚林·科普曼斯觉得，他们的工作可能和 TSP 有关，而他们研究的就是如今的线性规划问题。线性规划是许多组合优化问题所依靠的强大而实用的框架，它是一种在一些能确定正负的特定线性组合的不等式的约束下，使某些线性组合的变量最大化的方法。丹齐格发明的第一个具有实用价值的算法——单纯形法，至今仍被广泛使用。不等式定义了一个多维凸多面体，而该算法让顶点沿着边移动，从而使我们希望最大化的那个量增大，直到它不再变大为止。

1954 年，TSP 的第一个实质性重大进展是由兰德公司的研究员丹齐格、德尔伯特·富尔克森和塞尔默·约翰逊利用丹齐格的线性规划法取得的。通过改造，他们将该方法应用到 TSP，同时引入了新的系统化方法，特别是用到了"割平面"。他们以此得到了最优路径长度的下极限。如果你能发现一条只长一点点的路径，你就算找对方向了，在这种情况下，只要略施手段就能成功。丹齐格、富尔克森和约翰逊用这些办法第一次得到了 TSP 的解，该 TSP 的城市数量很合理，它一共包含 49 个城市：美国 48 个州各一个，再加上华盛顿哥伦比亚特区。这个问题正是罗宾逊在 1949 年提出的，也或许是惠特尼在 20 世纪 30 年代提出的。

*

1956 年，运筹学研究的先驱梅里尔·弗勒德提出，TSP 可能是"困难的"。这引出了一个关键性问题：它有多"难"？要回答这个问题，我们必须重新审视如何度量价值百万美元的 P 和 NP 的计算复杂度。从某种意义上说，弗勒德非常有可能是对的。

数学家一直很留意用于解决问题的方法是否有实用价值，尽管在紧要关头，他们会觉得任何方法都比没有好。纯粹出于理论上的目的，哪怕只是证明某些问题有解，就已经算是向前迈出一大步。为什么会这样呢？因为如果你不能确定问题有解，那么求解很可能是在浪费时间。

对此，我最喜欢举一个例子，我称其为"昆虫妈妈的帐篷"。小昆虫在离地面 1 英尺（也可以是 1 米、1 英里——只要它大于零）的空中盘旋，昆虫妈妈想在地上用尽可能少的材料搭一个帐篷来"罩住"小昆虫，什么样的帐篷面积最小呢？如果我们把小昆虫看成一个点，那么答案是"不存在这样的帐篷"。你可以用任何面积大于 0 的材料做一个又高又尖的锥形帐篷，但是表面积为 0 的"帐篷"只会是一条线，而不是真正的帐篷。不管是什么样的帐篷，都有对应的用材少一半的帐篷可以实现昆虫妈妈的愿望。所以不存在面积最小的帐篷。

对 TSP 而言，任何城镇数量有限的集合，无论怎么排列它们，总是有解的，因为旅行线路是有限的。这保证了你不会耗费大量时间去寻找最短路径，结果它并不存在。如果你在挖宝，那么告诉你它百分之百埋在地里应该没啥用：把整个星球都翻个遍是不现实的。

很久以前，计算机科学家高德纳指出，在计算机领域，你需要的不仅是一个答案是存在的证明，还需要搞清楚要付出多少才能把它算出来。这里的付出不是指钱，而是指计算的工作量。专门研究这类问题的数学领域被称为计算复杂性理论。它在很短的时间里，已经从一些简单的概念成长为一系列复杂的定理和方法，用非常简单的术语来说，它们在某种程度上体现了切实可行的解和不切实际的解之间的区别。

我们主要需要考虑的是：随着问题初始数据量的增长，用于计算问题答案的方法的运行时间（以计算步骤数衡量）会增长得多快？具体来说，如果需要 n 个二进制数码来确定问题，那么运行时间和 n 之间的依赖关系是什么？对于切实可行的算法，运行时间的增长倾向于是以 n 为底的幂次方，如 n^2 和 n^3。这些算法被证明是按多项式时间运行的，它们被称为 P 类。不切实际的算法增长得更快，通常按指数时间运行，如 2^n 或 10^n。用于计算 TSP 的"遍历所有行程"算法与之类似，它的运行时间是 $n!$，其增长速度比任何指数都快。在幂次方和指数增长之间有一个灰色地带，其中的运行时间大于所有多项式，但小于指数。这些算法有时是实用的，有时又不实用。在这里，我们采用一种非常严格的观点，把它们全都扔进"非 P"这个垃圾桶。

非 P 和 NP 是不一样的。

令人困惑的 NP 的缩写代表着一个更加微妙的概念：非确定性多项式时间。这指的是一个算法的运行时间，它可以判断处理特定问题的解是否正确。回想一下，如果某个数只能被 1 和自身整除，那么它就是质数，所以 2、3、5、7、11、13 等都是质数。反之则是合数[*]，比如 26，因为它等于 2×13。2 和 13 是 26 的质因数。假设你想求解一个有 200 位的数的质因数，在花了一年无用功后，你绝望地向德尔菲神谕请教，神谕告诉你答案是某个特定的大数。尽管不知道这个数是怎么来的（毕竟，神谕是有神奇占卜能力的），但你可以坐下来算一算，看看神谕给的数是否真的能整除那个 200 位的数。这样的计算比找到质因数本身简单得多。

假设神谕不管在何时给出的答案，你都可以用多项式时间（P）的算法来检查其正确性，那么问题本身就是 NP 类的，即非确定性多项式。神谕的任务比你的艰巨得多，但你总能确定神谕告诉你的答案是否正确。

按理说，检验某人提出的答案应该比找到它容易得多，检查标记了 X 的地方是否埋着宝藏要比找到 X 的位置容易得多。举个数学上的例子，几乎所有人都认为，找到一个数的质因数要比检查一个给定的质数是不是因数难得多。这主要是因为，快速算法都是用来检验而非找到因数的。倘若 P=NP，那么任何一个能快速校验答案

---

[*]　除了质数和 1，都是合数。

的问题，也有可能快速找到答案。这听起来美妙得令人难以置信，但数学家解决问题的经验恰恰相反。所以几乎人人都相信 P ≠ NP。

然而，所有试图证明或证否这个命题的尝试都陷入了困境。你可以通过明确地写下一个算法并计算其运行时间来证明问题是 NP 的，但要证明它不属于 P，就必须考虑所有能用来解决它的算法，并证明这些算法都不属于 P。这得怎么做呢？没有人知道。

从这些尝试中呈现出一个奇怪的现象，大量的候选问题在本质上都是一样的，所有这些问题都是 NP 的。而且，如果可以证明任意一个特定的问题不属于 P，那么它们就都不属于 P。这些问题同进同退。这样的问题被称为"NP 完备"问题。与之相关的更大的一类是"NP 困难"问题：它包括了那些可以在多项式时间内对所有 NP 问题模拟求解的算法。如果该算法的运行时间被证明是多项式的，那就自然而然地证明了对于所有 NP 问题也是如此。1979 年，迈克尔·加里和戴维·约翰逊证明了 TSP 是 NP 困难问题。[4] 假设 P ≠ NP，这意味着求解它的任意算法的运行时间将大于所有多项式时间。

弗勒德是对的。

*

这并不是全盘放弃的好理由，因为至少有两条路可以试试。

第一条路用到的是从实际问题中获得的经验，我马上会讲到。如果一个问题是非 P 的，那么在最糟糕的情况下是无解的。不过这种最糟糕的场景往往是非常刻意的，它们并不是你在现实世界中遇到的那种典型场景。所以运筹学方面的数学家开始着手研究他们能处理多少个城镇，以解决现实世界的问题。结果证明，由丹齐格、富尔克森和约翰逊提出的线性规划方法的变体通常表现得很好。

1980 年的纪录是 318 个城镇，而到 1987 年，这个纪录已经达到 2392 个。1994 年，这个纪录又提高到 7397 个，这个结果是由非常强大的计算机网络花了大约三年的 CPU 时间得到的。2001 年，由 110 个处理器组成的网络算出了 15112 个德国城镇的精确解。如果改用普通的台式机计算，可能需要 20 多年。2004 年，瑞典所有 24978 个城镇的 TSP 得到解决。2005 年，协和式 TSP 求解器算出了有 33810 个节点的印刷电路板 TSP 的路径。不断刷新纪录并不是进行这类研究的唯一原因，用于计算它们的方法对较小的问题确实见效很快。通常，仅几分钟内就能解决多达 100 个城镇的 TSP，在一台标准的台式机上，几小时内也可以解决多达 1000 个城市的问题。

另一种选择是退而求其次：找一个和最优解差不多，但更容易求取的解。在某些情况下，这可以通过使用一个 1890 年的惊人发现实现，该发现属于一个与众不同的数学领域，当时的许多领军人物都没有看到其价值，而且经常无法相信那些答案，直到更有远见的数学家慢慢发现它们。不过糟糕的是，他们解决的问题似乎是"数学本身"，与现实世界中的事物都没有任何明显的关系。人们普遍认为，这些结果是高度人为的，所构建的新几何形状也被视为"病态的"。许多人觉得，即使这些结果是正确的，它们也丝毫不会推动数学事业的发展；它们只是在逻辑挑剔的自我放纵中为发展布下愚蠢的障碍。

*

有一种为 TSP 找到好的但不是最优解的方法，就是从这些"愚蠢的障碍"中产生的。1900 年的前后几十年，数学正处于过渡阶段。早期那种无视棘手的细节、大胆进取的海盗精神自有其规律性，同时也忽视了一些基本问题，比如"我们真正在讨论的是什么？""这真的像我们思考的那样显而易见吗？"等问题，它们在本应清晰和显而易见的时候却传播了混乱和困惑。数学家曾在诸如微积分这样的高等数学领域里，尽情地使用无限的过程，而现在他们对这些领域的担忧正慢慢地从艰深退回平凡。人们不再对复杂的数学函数（如复对数）的积分抱有疑问，而是想知道什么是函数。人们也不再以能"徒手绘出"作为连续函数的定义，而是想探索更严格的定义，但发觉这块是缺失的。甚至像"数"这种基本而又公认的东西的本质，也被证明是难以捉摸的。这种情况不只存在于像复数这样的新结构，也包括传统的整数1、2、3。主流数学继续发展着，默认这类问题最终会得到解决，一切都会好起来。这些基础内容在逻辑上的状况可以放心地留给吹毛求疵的学究们。然而……人们普遍的感觉是，对这类问题漫不经心的态度再也无法持续下去了。

当旧有的外强中干的方法开始出现相互矛盾的答案时，事情才真的开始出现问题。在特殊的（通常是比较古怪的）情况下，长期以来被认为是正确的定理被证明是错误的。用两种不同方法计算的积分会得到两个不同的答案。某个被认为无论变量取什么值都会收敛的级数，有时是发散的。虽然这不像发现2+2有时等于5那么糟

糕，但它确实让一些人怀疑2和5到底是什么，更别谈 +
和 = 了。

于是，有一些人没有被多数反对者吓倒，至少是没
有被吓到要改主意，这几个刺头儿挖穿了数学大厦，从
上层一直挖到地下室，只为寻找坚实的地基，然后开始
自下而上地翻修整栋大楼。

就像所有的翻新一样，最终的结果和一开始的总会
有所不同，这些不一样虽然微妙但足以令人不安。从古
希腊时代起就已存在的平面上的曲线概念，自有其深度。
欧几里得和埃拉托斯特尼的圆、椭圆和抛物线，古希腊
人用来三等分角和化圆为方的割圆曲线，新柏拉图主义
哲学家普罗克洛斯的八字双纽线，乔瓦尼·迪多梅尼科·卡
西尼的椭圆，摆线和更为复杂的衍生物——如奥勒·罗默
的准摆线和超摆线……这些传统的例子各有其自身的魅
力，并引领了非凡的进步。但是，就像被驯养的动物误
导了人们对地球上热带雨林和沙漠荒原生物的看法一样，
这些曲线太过温顺，无法代表在数学丛林里游荡的野生
动物。作为连续曲线潜在复杂性的例子，它们太过简单，
也太守规矩了。

曲线最基本的特征之一就是纤细，它是如此明显以
至于没有人提出质疑。根据欧几里得的《几何原本》，"线

是没有厚度的"。一条线的面积——只是这条线本身的面积，不是指它所包围的部分——显然等于零。但是，朱塞佩·皮亚诺在1890年给出了一个连续曲线的结构，它完全填满了一个正方形的内部。[5] 它不只是在正方形内以一种复杂的、接近任意一点的方式四处涂鸦：曲线恰好经过正方形内的每一个点。皮亚诺的曲线确实"没有厚度"，也就是说，你用铅笔画一条线，而这条线的端点是一个单一的几何点，但这条线以一种非常复杂的方式扭曲，不断回到它之前离开过的区域。皮亚诺意识到，如果你让它以一种精心设计的方式无限扭动，它会占据整个正方形。特别需要指出的是，曲线的面积和正方形的面积相同，所以它不为零。

这一发现让幼稚的直觉大吃一惊。当时，这种类型的曲线被认为是"病态的"，许多数学家对它们的反应就像我们通常对病理学的反应一样——恐惧和厌恶。后来，专业人士习惯了它们，并从中汲取了深刻的拓扑学知识。如今，我们把皮亚诺曲线看作是分形几何学的早期例子，我们认识到分形并非不寻常，也并非病态。这类曲线在现实世界中很常见，在数学领域也是如此，它们为自然界中的高度复杂结构（如云层、山脉和海岸线）提供了优秀的模型。

这个数学新时代的先驱考察了诸如连续性和维度之类古老的直观概念，并且开始提出一些难题。这些先驱者并没有假设他们可以在更简单的数学领域使用传统技巧，而是质疑这些技巧是否在足够普遍的情况下依然有效——如果答案为"是"，它们又为什么会有效，或者说，如果它们并非总是有效，那么错在哪里。这种怀疑的态度惹恼了许多主流数学家，他们认为这是一种消极的行为。查尔斯·埃尔米特在1893年给他的朋友托马斯·斯蒂尔吉斯的信中写道："我对这种不可导的连续函数造成的可怖灾难感到恐惧和厌恶。"

传统派更希望通过假设逻辑花园中的一切都是可爱的来突破创新，但新的怀疑主义用一连串对直觉的离奇挑战，对这种天真做了必要的回应。20世纪30年代，这种更严谨的态度的价值变得日益明显，到20世纪60年代，那几乎完全就是它的天下了。关于这一学科的发展，你可以写一整本书，并且已经有人这么干了。在这里，我想集中讨论两个小话题：连续曲线和维度的概念。

*

曲线的概念或许能追溯到早期人类第一次拖着棍子

穿过沙或泥时，发现棍尖留下一条痕迹。当古希腊使用逻辑方法的几何学出现后，它开始有了现在的形态，欧几里得认为点只有位置，线没有厚度。曲线是无须呈现为笔直的线，最简单的例子是圆或圆上的弧。古希腊人发展并分析了各种曲线，如前面提到的椭圆曲线、割圆曲线、摆线等。他们只讨论具体的例子，但总体思路应该是"大体上显而易见"的。

在引入微积分之后，曲线出现了两个性质。一个是连续性：曲线如果没有间断就是连续的。另一个更为细致的性质是光滑性：没有尖角的曲线是光滑的。积分法适用于连续曲线，微分法适用于光滑曲线。（为了让故事继续下去，我在这里说得不太精确，但我保证，这些说法比假新闻更接近于实际情况。）当然，事情并没有那么简单：人们必须明确定义"中断"和"尖角"。更微妙的是，无论用什么样的定义，它们都必须适合于数学研究，要能用数学术语表达。人们必须能使用这些概念。其中的细节仍然困扰着刚刚学习数学的大学生，所以我就不在这里展开了。

第二个关键概念是维度。我们都知道空间有三个维度，平面是两维的，而直线只有一维。我们并不是通过定义"维"这个词然后计算空间或平面有多少维来处理这个概念的，至少并非全然如此。相反，我们说空间是三维的，是因为我们可以用三个数确定任意点的位置。我们选定某个特定的点作为原点，并明确三个方向——东—西、南—北和上—下。然后，我们只要测量从原点到所选点在这些方向上的距离，就可以得到三个数（坐标相对于所选的方向），空间中的每个点对应一组且只有一组这样的三元数组。类似地，平面有两个维度，因为我们可以省略其中的一个，比如代表上—下的那个；而直线只有一个维度。

在你开始思考之前，一切看似很简单。前面的假设所讨论的平面是水平的，这就是为什么可以省略上—下。但如果平面在斜坡上呢？这时候上—下就很重要了。然而，事实证明，代表上—下的那个数总能由另外两个数确定（前提是知道斜坡的斜率）。所以重要的不是测量的坐标方向的个数，而是独立方向的个数。所谓独立，是指该方向不是由其他方向组合而成的。

现在，情况变得略显复杂，因为我们不能只数坐标的个数。更重要的是用最少的数来完成任务。这就引出了另一个更深层次的问题：如何确认对平面而言，2个数是最少的？这很可能是正确的——如果不是的话，我们就得有一个更好的定义——但这并不完全是显然的。顺着这个思路，我们怎么知道 3 个数是对空间而言最少的？我们又怎么知道任意一组独立方向都只要 3 个数？就此而言，我们能有多确定 3 个数就够了呢？

第三个问题实际上是关于实验物理的。根据爱因斯坦和他的广义相对论，得到这样一个结论：物理空间实际上不是平坦的欧几里得三维空间，而是一种弯曲的空间。或者说，如果弦理论家是对的，时空有 10 个或 11 个维度，在这些维度里，除了 4 个以外，其他维度太小以至于我们无法察觉或接近它们。人们可以很好地解决第一和第二个问题，但并不简单：先用 3 个数定义三维欧几里得空间的坐标系，然后在大学的向量空间课程上（在这门课里，任意数量的坐标都是可能的）花五六周时间证明一个向量空间的维数是唯一的。

向量空间法的内在逻辑是，坐标系基于直线，而空间是平坦的。事实上，它也被称为"线性代数"。如果我们用爱因斯坦的理论让坐标系弯曲，会发生什么呢？好吧，如果它能平滑地弯曲（经典的说法叫"曲线坐标"），那么一切都没什么问题。但是，意大利数学家朱塞佩·皮亚诺在 1890 年发现，如果曲线以某种方式疯狂地弯曲——疯狂到它虽然连续但不再光滑——那么一个二维空间可以有只用一个数的坐标系。三维空间也是如此。在这种更一般、更灵活的前提下，维度的"数量"突然成了可变的。

　　一部分人没有理睬这一奇怪的发现，显然，我们必须用光滑坐标。但事实证明，接受这些古怪的东西看看会发生什么，会更具创造力、更有用，也更有趣。因循守旧的批评家是相当清教徒式的，他们根本不希望年轻一代有任何乐趣。

*

　　让我们直奔正题：皮亚诺所发现的或者说所构建的，是一条经过正方形中每一点的连续曲线。这条曲线不只是正方形的边界线，还覆盖了整个图形的内部。曲线必然精确地经过每一个点，而不只是非常接近。

　　假设存在这样一种曲线，它是弯弯曲曲的，这条曲线内建了一个坐标系，即它经过的长度。这只需要1个数，所以曲线是一维的。然而，如果这条弯曲的线经过二维实心正方形的每一个点，我们就可以用一个连续变化的数来确定正方形的每个点。所以正方形实际上是一维的！

　　我在写作时通常会避免使用感叹号，但这个发现值得用上一回。这太疯狂了，而且还是对的。

皮亚诺发现了第一个如今我们称之为"空间填充"曲线的例子。它的存在依赖于平滑曲线和连续曲线之间的区别，它虽然很小但却很重要。连续曲线可以是曲折的，但光滑曲线不行，至少不能曲折成那样。

皮亚诺正是发明这种曲线的合适人选。他喜欢逻辑细节里的细枝末节。他也是第一个为整数系写出精确公理的人，他用一组简单的性质精确地定义了整数系。他发明空间填充曲线并不是为了好玩：他最终完善了一位有着类似想法的前辈的工作，他也对整数和计数的本质具有浓厚兴趣。这位前辈的名字叫格奥尔格·康托尔，他真正感兴趣的是无穷。当时，大多数顶尖的数学家反对康托尔激进而又绝妙的概念，这使他陷入绝望。正如有时候人们说的，这些反对或许并不是他后来精神出问题的原因，但肯定对他没什么好处。在为数不多的欣赏康托尔所做努力的顶尖数学家中，有一位攀上了数学的顶峰，他就是戴维·希尔伯特。希尔伯特可能是他那个时代最重要的数学家，他在晚年也成了数理逻辑和数学基本原理的先驱。也许他认出了志同道合者。

无论如何，这一切都始于康托尔和他引入的超限基数。所谓超限基数，是用来计数一个无限集合有多少元素的。他令人满意地证明了一些无穷比另一些更大。更准确地说，整数和实数之间不存在一一对应关系。为了寻找一个比实数更大的超限基数，有一段时间他认为平面的基数一定比直线的大。1874年，他在给理查德·狄德金的信中写道：

　　一条线（比方说一条包含端点的直线段）是否可以唯一地表示一个面（比方说一个包含边的正方形），这样面上的每一个点都对应于线段上的某个点，同样，线段上的每一个点也都对应于面上的某个点？尽管事实上答案看起来应该是"不行"，而这个结论是如此明确，以至于几乎没有必要去证明，但我认为回答这个问题并不是一件容易的事。

　　三年后，他又写信说他错了，而且错得非常离谱。他发现了单位区间和任意有限 n 维空间之间的一一对应关系。也就是说，他发现了一种在集合间匹配元素的方法，使其中一个集合的每个元素都恰好匹配另一个集合的元素。"我发现了，"康托尔写道，"但我不相信！"

　　匹配的主要思想很简单：在单位区间（0 到 1）内给定两个点，我们可以把它们写成小数形式：

$$x=0.\,x_1\,x_2\,x_3\,x_4\cdots$$

$$y=0.\,y_1\,y_2\,y_3\,y_4\cdots$$

然后，在单位区间内有一个数的小数形式是：

$$0.\,x_1\,y_1\,x_2\,y_2\,x_3\,y_3\,x_4\,y_4\cdots$$

它是通过交叉 x 和 y 的小数位得到的，就像把一副牌一分为二后交错洗牌。[6] 两者之间的主要区别在于，康托尔的"牌"是无限的。于是，当你洗完两堆数量无限的牌后，你将得到一堆无限的牌。这就是康托尔把两个坐标合二为一的方法。要处理三维空间，只需要把三堆牌放一起洗，以此类推。

康托尔在 1878 年发表了其中的一些结论。他研究了可数集（可以和用于计数的数一一对应）以及彼此一一对应的集合。他还意识到，单位区间和单位正方形之间的对应关系并没有让维度保持不变——一维变成了二维，而且，他强调他所构建的对应关系并不是连续的——这一点对我们的故事而言至关重要。也就是说，在单位区间内彼此非常接近的点不一定在单位正方形中仍然非常接近。

康托尔的观点充满争议：一些杰出的数学家认为它们是无稽之谈，可能是因为这些观点如此新颖，以至于需要有想象力和开放的思想才能欣赏它们。其他人，尤其是希尔伯特，宣称康托尔开辟的新领域是一个"天堂"。直至康托尔去世后，人们才充分认识到他的工作的重要性。

*

1879年，欧金·内托[7]通过证明单位区间和实心单位正方形之间不存在连续的一一对应关系，回答了一个明摆着的问题，它比看起来要复杂得多。最重要的突破是在1890年出现的，皮亚诺的空间填充曲线就像是把猫放进了鸽群里，它表明我们关于连续曲线的默认观念具有明显的误导性。

皮亚诺的论文上没有图片。他用单位区间内以3为底的扩展点来定义曲线，其结构等价于下页左图中的几何曲线。[8]1891年，希尔伯特发表了另一个空间填充曲线的例子，如下页右图所示。这两种结构都相当复杂：图片是递归过程的早期阶段，在这个过程里，简单的多边形被更复杂的多边形重复替换。人们后来又发现了许多别的空间填充曲线。

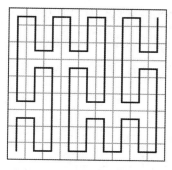

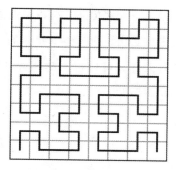

用几何图形表示皮亚诺空间填充曲线的早期阶段

希尔伯特空间填充曲线的早期结构

空间填充曲线可应用于计算，如对多维数据的存储和检索。[9]其基本思想是，我们可以沿着一条近似空间填充曲线遍历一个多维数组，从而将问题简化成一维情况。另一项应用，便是可以快速解决旅行商问题。它的基本思路是，用有限近似的空间填充曲线去经过包含城镇的区域，并将城镇顺着曲线排序，然后按此顺序在每一步用最短的路径拜访它们。这样得到的路径通常不会比最优路径长 25%。[10]

曲线还可以填充其他什么形状吗？希尔伯特给出了一条填充单位立方体的曲线，将他的结构扩展到三维空间，曲线也可以填充任意维度的超立方体。最近的情况是，汉斯·哈恩和斯特凡·马祖尔凯维奇证明了一个定理，该定理彻底描述了可以由曲线填充的拓扑空间的性质。[11]
定理指出，只要空间是紧的（范围有限），并且满足一些
技术性条件以排除某些可笑的空间，基本上所有空间都
是可填充的。

*

旅行商问题还没完结。1992 年，桑吉维·阿罗拉和
他的同事[12]发现复杂度为 NP 的类（即容易检验的问题）
有一个奇怪的特性，这使得人们对寻找能为 P 类（即容
易求解的问题）给出良好近似解的算法的前景产生了怀
疑。他们证明了如果 P ≠ NP，那么当问题的大小超过某
个阈值时，计算一个好的近似值并不比找到答案本身更
容易。这个结论还有另一种情况，那就是 P=NP，这可是
能赢百万美元大奖的结论，但最初的假设得要成立。

他们的工作与一个真正值得关注的概念有关，那就
是透明证明。证明是数学的本质。在大多数科学分支中，
你可以通过观察或实验来验证你的理论与现实是否相符。
数学没有这份福利，但它有自己的方法来验证结果。首
先，它们必须得到逻辑证明的支持。其次，必须检验证
明没有错误和漏洞。这种理想很难实现，数学家面临的

实际情况也并非如此，但这是他们努力的方向。任何没有通过这种检验的结果都会被直接贴上"错误"的标签，尽管这类结果仍然可以为更完善地证明结论提供有用的步骤。所以，从欧几里得时代至今，数学家花了很多时间仔细研究证明，这些证明有他们自己的，也有别人的。他们字斟句酌地研究，寻找其中正确或矛盾的地方。

近年来人们开始使用计算机进行验证，这是一种不同的方法。它需要用计算机的算法处理语言重写证明过程。这种方法是有效的，而且曾在某些最艰难的证明上取得一些了不起的成果，但到目前为止，它还没有取代传统方法。这一想法有一个副作用，那就是重新关注如何以更适应计算机的方式去证明，而这种方式通常与人类能够接受的方式完全不一样。计算机并不会"反对"把同样的事情做上百万次，或者检查两个长达一千位的二进制字符串是否相同。它们只是持续不断地计算。

人类数学家最喜欢的证明，是像故事一样有清晰的起因、经过和结果，证明从定理的假设开始，通过驱使你往下看的迷人故事线，一直到最终的结论。如何叙述比挑剔的逻辑更重要。它的目标是清晰、紧凑，而最重要的则是令人信服。请记住，数学家是出了名的难以被说服的。

研究机器校验证明的计算机科学家提出了一种完全不同的方法：交互证明。这让证明变成了一场争论，而不是一个数学家写故事，另一个读故事。"数学家"帕特想要说服万娜他的证明是正确的；而万娜则想让帕特相信他错了。他们不停地互问互答，直到其中一人认输。（帕特·萨亚克和万娜·怀特是美国电视娱乐节目《幸运之轮》里的名人。）这有点像下棋，帕特宣称可以"四步将军"。万娜不认同，所以帕特走一步。万娜应招道："如果我这样下呢？"帕特又走一步。这样对阵一直到万娜认输。接着，她开始悔棋。"假如我最后一步这样走呢？"帕特以其他的招式应对，同样将军！这样持续下去，直到万娜用光对帕特所有可行的应对招式，帕特获胜，抑或他不得不承认其实四步根本就无法做到将军。根据我的经验，这正是真正的数学家在一起解决某个问题时所做的，而且这种对阵可能会非常激烈。在研讨会上展示的最终结果是用来叙述的版本。

拉斯洛·鲍鲍伊等人利用有限域上的多项式和纠错码等数学工具，将这种辩论证明技术进化为透明证明的概念。[13] 随着这些方法的建立，人们意识到计算机可以利用清晰和简洁所不具备的一个特征——冗余。事实证明，一个逻辑证明可以被改写得极长，但这也意味着，倘若其中包含了一个错误，那它就会让错误变得到处都是。在整个证明里，逻辑上的每一步都会出现在相关的多个临近副本上。这有点像全息图，图像经过变换后，可以从数据的任何一小部分中重建。这样，你就能通过选取一个小的随机样本来检验证明。任何错误几乎肯定都会在那个样本里出现。于是你就得到了透明无瑕的证明。关于 P 类近似解不存在的定理是它的一个推论。

*

让我们回到吉布森、威尔金森和凯利在《动物认知》上发表的关于鸽子的论文。一开始，他们评论道，TSP近来被用于检查人类和动物的认知情况，特别是采取行动前对行动的计划能力。然而，目前还不清楚这种能力的拥有者是否仅限于灵长类动物。其他动物是否也有提前计划的能力，或者它们只是沿用进化所形成的教条？研究人员决定在实验室里用鸽子做试验，用两个到三个喂食器作为目的地，为它们构造一个简单的 TSP。鸽子从一个地方出发，按某种顺序经过每一个喂食器，最后回到终点。研究小组得出的结论是："鸽子会非常看重下一个地点的距离，但当低效路径造成的飞行成本变大时，它们似乎会提前计划好多个步骤。研究结果为灵长类之外的其他动物会规划复杂的行动路线提供了清晰而有力的证据。"

在一次采访中，研究人员解释了这与开公交车的鸽子之间的联系。他们认为，司机可能会有两个理由反对：一个是人尽皆知的安全原因，另一个是担心鸽子不能像穿梭在城市里的公交车那样有效地沿着路线运送乘客。正如论文的标题所示，研究小组从他们的实验中得出结论，第二种担忧是没有必要的。

让鸽子开公交车。

*

如果让世界各国政府和汽车制造商如愿以偿，那么很快公交车司机和鸽子都不用开公交车了。取而代之的是，公交车将自己行驶。我们正在进入勇敢的自动驾驶新时代。

也许并不是这样。

自动驾驶最难的地方在于要确保它们正确地识别周围环境。为它们配上自己的"眼睛"很容易，因为如今生产的高分辨率小摄像头的数量以数十亿计。但视觉不仅需要眼睛，还需要大脑，所以轿车、卡车和公交车都装了计算机视觉软件。这样它们就能知道自己在"看"什么，并就此做出反应。

据制造商说，自动驾驶的一个潜在优势是安全性。人类司机会犯错并引起事故，但计算机不会分心，经过充分研究和发展，计算机司机应该比所有人类司机都安全。另一个原因是，你不必为自动驾驶的公交车司机支付工资。除了让司机丢掉工作外，这项技术还有一个很大的缺点，那就是它还处于起步阶段，目前可用的系统还没有达到这项技术所鼓吹的那样。有一些路人和测试司机曾在事故中丧生，然而完全无人驾驶的车辆如今仍在好几个国家的城市街道上进行测试。其中的基本原理是，它们必须在现实世界中进行测试，最终实现其挽救的生命比夺走的更多。监管机构欣然接受了这种诱人的说法，这一点值得我们注意。如果在没有知情和同意的情况下，有人建议在随机人群中试验一种新药，理由是这样做会让得救的人比被它害死的人多，则会引起强烈抗议。事实上，这在几乎所有国家都是违法的，而且是绝对不道德的。

为了达到这个目的，计算机视觉背后的主要技术是机器学习领域里的显学。深度学习网络通过调整其连接权重来正确识别图像，它需要用大量图像进行训练，直至达到可接受的精确度。这种方法在广泛的应用中取得了极大的成功。然而，直到 2013 年，人们显然过于关注机器学习的成功，而忽视了潜在的失败。一个很严重的问题是"对抗样本"，它们是一种经过刻意修改的图片，人类能很好地识别，而计算机则会大错特错。

让 Inception V3 网络识别两张只有几个像素差异的图片，它把左图识别为猫，而将右图识别成牛油果酱

图片是两只猫，这很显然。它们只有几个像素的差别，对人类而言，它们看起来是一样的。一个经由大量是猫和不是猫的图片训练的标准神经网络，能正确地识别出左图是一只猫。然而，它会坚称右图是牛油果酱，即一种用牛油果制成的绿色墨西哥色拉酱。事实上，计算机对牛油果酱的确信度有 99%，而对猫的只有 88%。正如俗语所说，计算机是一种可以快速犯下数百万次错误的设备。

这类图像被认为是有"对抗性"的，因为当有人故意想要欺骗系统时，就会用上它们。在实际情况下，计算机会把大多数这样的图像看作一只猫。克里斯蒂安·塞盖迪和他的合作者在2013年发现了这种图片。[14] 2018年，阿迪·沙米尔跟同事[15]解释了为什么在深度学习系统里会出现对抗性样本，为什么它们是不可避免的，以及为什么只需要改变几个像素就能误导神经网络。

这种易受重大错误干扰的根本原因是维度。度量两个比特串有多不同的常用方法是计算它们的汉明距离，也就是将一串比特转换为另一串需要改变多少个比特位。例如，10001101001和10101001111之间的汉明距离是4，不一样的比特位分别是10101001111中的4个黑体字。图像在计算机里由一个很长的比特串表示。如果图像有1 MB（兆字节），那么它的长度为 2^{23}，即800万比特。所以图像空间在由0和1组成的有限域中，它的维度是800万，一共有 $2^{8388608}$ 个不同的点。

经过充分训练的神经网络所包含的图像识别算法必须将空间里的每一张图片分类到数量小得多的类别中。在最简单的情况下，它可以被归结为通过用超平面将图像空间分割成各个区域，下图为在二维空间内进行分割的示意图。它把空间分成许多胞腔，每一块都对应一个类别。如果我们要把一幅图像改成与其汉明距离为 40 的另一幅图像，那么只需要改变图像中的 40 比特。眼睛接收到 800 万个比特，所以改变只占 0.0005%，远低于人类能够发现图像存在显著区别的临界值。然而，有这样的汉明距离的图像一共有 2^{40} 张，大约是一万亿。这比计算机视觉系统能够区分的类别数量多得多。所以，图片上如此细小的变化就会让计算机误读并不奇怪。

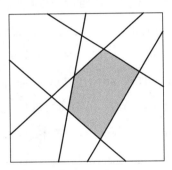

用超平面分割图像空间。此处是二维的，用 5 个超平面（用直线表示）把它分成 13 个胞腔，其中一块由阴影表示

将比特串表示成实数而不是有限域，对数学分析更方便。一个有 8 比特的字节，比方说 10001101，可以被当作二进制展开的实数 0.10001101。如此一来，所有大

小是 1MB 的图像的空间就变成了一个维度是 100 万的实数向量空间。通过这个改变，沙米尔和他的同事证明了一些更强大的结果。给定一张属于超平面内某个胞腔的图片以及另一个胞腔，我们需要改变多少个比特才能把图片移到第二个胞腔内呢？他们的分析表明，当图像空间的维度大于 250 时，如果用 20 个超平面将图像空间分割成 100 万个胞腔，那么只要改变两个坐标，就可以将给定的点移到任意一个胞腔里。一般来说，如果网络被训练成区分给定数量的类别，那么将给定图片移到任意一个类别所必须修改的坐标数量与类别数量大致相同。

他们在一个商业数字识别系统上对这个定理做了测试。在这个测试里一共有 10 个类别，即数字 0 ~ 9。他们生成的对抗图像，可以让系统将数字 7 识别成 10 个数字中的任何一个。而要实现这一点，只需更改 11 个比特。除 7 之外，其他的数字也是如此。

我们应该担心吗？"天然的"图像，也就是自动驾驶汽车通常会遇到的那种，并不是被刻意设计出来欺骗系统的。然而，自动驾驶的车辆每天会感知大约 50 万张图片，只要一次错误的判断就会引发事故。其中主要的威胁是，破坏者或恐怖分子可以轻而易举地修改路标，通过粘上一小块黑色或白色的胶带，从而欺骗计算机，使其把实际上是 60 英里每小时的限速标志当作停车标志。所有这些都让人有一种感觉，即迫于商业压力，自动驾驶的推出过于仓促和不安全。如果你不赞成，那我就再重复一遍：我们永远不会以如此草率的方式引进一种新药和医疗程序，尤其是如果我们有充分的理由怀疑它可能有危险。

　　别让公交自己开。

04

柯尼斯堡和肾脏

除了与大小有关的几何学分支，还有另一个分支，它被称为位置几何学，是莱布尼茨第一个发现的……因此，当最近提到一个看起来和几何有关但并不需要测量距离的问题时，我就确信它和位置几何学有关。因此，我决定在这里给出我找到的解决此类问题的方法。

——莱昂哈德·欧拉，
《解决问题的方法与几何位置有关》，1736 年

在人类历史的大部分时间里，人出生时带来的器官也是在入土时带走的，而且经常还是因它们而死。不管是心、肝、肺、肠、胃，还是肾，它们衰竭了，人也就完了。某些身体部位，比如胳膊和腿，可以通过手术切除，倘

若能因此活下来，就还能过上某种生活。麻醉药和无菌手术室的发明，让手术减轻了人们的痛苦（至少在手术中处于昏迷状态的病人是这样），这大大增大了存活的概率。随着抗生素的出现，之前致命的感染往往可以被治愈。

我们认为现代医学的这些奇迹是理所当然的，但基本上是它们让内外科医生第一次实现治愈疾病。我们通过给家畜大规模使用抗生素，让抗生素的药性大减；抗生素没能打败疾病，而是让它们变得更快、更强大。数以百万计的人一旦病情有所缓解就停止抗生素治疗，而不是遵医嘱按疗程服用药物。这两种做法完全没有用，反而助长了细菌对抗生素的耐药性。如今，科学家正拼命四处寻找，试图找到新一代抗生素。如果他们真找到的话，我希望我们能有意识，不要毁了它们。

过去外科医生的另一个梦想也已成真，那就是器官移植。到目前为止，我们似乎还没有玩坏它。如果情况比较好，可以得到新的心、肺、肾，甚至是新面孔。有一天，一头仁慈的猪甚至可能提供某个替代器官，尽管它并不情愿。

1907 年，美国医学研究人员西蒙·弗莱克斯纳展望了医学的未来，他认为通过外科手术用他人的健康器官替换患病器官将成为可能。他特别提到了动脉、心脏、胃和肾。1933年，乌克兰外科医生尤里·沃罗内实施了第一例肾移植手术，他从一名6小时前去世的捐献者那里取出一个肾脏，并将其植入病人的股（thigh）内。由于献血者血型不匹配，新肾出现了排异，2天后患者去世。阻碍器官移植成功的最大障碍是人体的免疫系统，它会识别新器官不是患者自身身体的一部分，并对其进行攻击。理查德·劳勒于1950年完成了第一例成功的肾脏移植手术。手术后10个月，捐献的肾脏发生了排异，但那时病人自己的肾脏已经恢复，这使她又活了5年。

一个正常人有两个肾脏，人们只需要其中一个肾脏身体就能很好地运行。因此，移植可以从活体供者那里得到，这样就简化了整个过程。肾脏是最容易移植的器官。确保供者的组织配型与接受者的相匹配，防止排异反应就很简单，而且如果发生问题，可以使用透析机来承担肾脏的功能。在1964年抗排异药物问世之前，人们没有进行过来自已故供体的肾脏移植（至少在美国和英国是这样），但活体供体的案例很多。

在大多数情况下，供体一般是接受者的近亲。这增加了组织配型的可能性，但主要原因是很少有人愿意为陌生人捐献肾脏。毕竟，倘若一个肾出了问题，人们还是可以继续过正常生活的。如果把一个肾给某个陌生人，他就没有备用肾了。如果接受者是他的母亲、兄弟或儿女，那么收益比风险大，尤其是如果拒绝，他们就会死去。这对陌生人来说就没那么相干了，人们也不太可能去冒这个险。

一些国家会用钱做奖励。患者家属可以给一个陌生人付钱，让他把肾捐给该患者。允许这种交易的危害相当明显：例如，穷人被买通为富有的陌生人捐献肾脏。在英国，将肾脏捐献给近亲以外的人是非法的。2004年和2006年，人们通过法律消除了这一障碍，但增加了一些防止滥用的保障措施，"不能涉及金钱交易"就是其中之一。

这项法律的变更为匹配捐献者和接受者开辟了新的策略，使治疗更多的病人成为可能。它还引出了一系列重要的数学问题：如何有效地使用这些策略？事实上，解决这些问题的强大工具早就有了。令人吃惊的是，这一切都始于一个将近300年前的荒诞不经的小谜题。

*

这是一个家喻户晓的故事，但我还是要讲。原因有两个：第一，它创立了新数学；第二，它搞错了历史。所以我要再讲一下它。

现在属于俄罗斯的加里宁格勒，曾经被称为柯尼斯堡（Königsberg）。18 世纪时，它属于普鲁士。普列戈利亚河流经该市，市内有两座岛屿——奈佛夫岛和洛姆斯岛。那里有七座桥。河的两岸都有两座桥与奈佛夫岛相连，同时两岸又都有一座桥与洛姆斯岛相连，最后还有一座连接两岛的桥。如今，城市的布局已完全不同。这座城市在第二次世界大战中曾遭轰炸，图中的桥 b 和桥 d 被毁。为了给新路让道，桥 a 和桥 c 被拆，并由其他桥替代。加上剩下的三座原桥（其中有一座是 1935 年重建的），如今在原址上共有五座桥。

传说柯尼斯堡的良民一直想知道是否可以只通过每

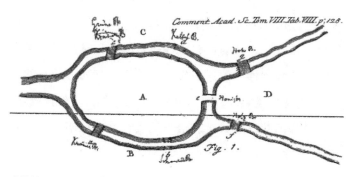

欧拉的柯尼斯堡七桥示意图

座桥一次，就能走过整个城市。这是一个简单的小谜题，就像如今出现在报纸或电子杂志上的谜题一样。你不妨试试，用不同的方法但都是无解的。然而，类似的问题有时确实会有解，但很难找到它。而且，能选择的路径数量是无限的，这只是因为当沿着一条路往前走的时候，从一边走到另一边，或者来来回回，会有无限多条路线。所以你无法通过考虑每一条可能的路线来找到答案，或者证明其无解。

你可以炮制一些花招来轻松地解决这个谜题。例如，你可以在走到一座桥上后转身回来，而不是真的走到桥的另一端，然后宣称已经"通过"了这座桥。必须明确定义"通过"，这样就杜绝了这种情况。类似地，"走"的意思是不能通过游泳、乘船、乘气球或搭乘神秘博士的塔迪斯*（TARDIS）来完成部分旅程。当然，也不能溯河上游，找一座欧拉的图上没有的桥。谜题爱好者知道，虽然"篡改"这样的谜题或许很有趣，有时甚至可能需要很大的独创性，但这是作弊。我不打算列出所有的条件，以避免此类篡改。我更感兴趣的是，如果不偷换概念，该以怎样的数学形式重新恰当地表述，以证明这个谜题

---

*　神秘博士的时空穿梭机。

是不可能的。偷换概念的关键是如何表述问题，而不是用表述来解决它或证明它不可能。

欧拉登场了，他是他那个时代最杰出的数学家。他几乎研究了数学的每一个领域，有些领域是他率先研究的，他把这门学科应用到现实世界的各种问题上。欧拉的工作范围广泛：从为纯数学和数学物理的主要领域写的经典巨制，到偶然让他感兴趣的奇闻逸事。18世纪早期，他把注意力转向柯尼斯堡七桥谜题。他把它表述成一个精确的数学问题，并进行了证明——如前所述，不可能这样走过整个城市，无论起点和终点是否相同。

1727年，俄国由叶卡捷琳娜一世统治，欧拉移居圣彼得堡，成为宫廷数学家。叶卡捷琳娜一世的丈夫是彼得一世，他在1724年至1725年建立圣彼得堡科学院，但他在学院完全建成之前就去世了。1735年，欧拉将他的作品交给科学院，并于一年后出版。作为一名数学家——可以说是历史上最多产的数学家，欧拉从这个谜题中尽可能多地挖掘答案：他发现了解法是否存在的充要条件，这不只对柯尼斯堡桥适用，对其他类似的问题都适用。如果是5万座桥按某种非常复杂的组合方式连接4万块地，欧拉定理仍然可以告诉我们这是否有解。

如果你仔细看证明，它甚至告诉你如何在一片混乱中找到解。欧拉的讨论有点粗糙，人们花了近150年的时间才整理出所有细节，尽管它并不太难。

关于这一点，许多图论书籍会说，欧拉通过将谜题简化成一个简单的图论问题，证明了它无解。这里的图是由一组线（边）连接点（节点或顶点）所构成的一种网络。[1] 用图重新表述柯尼斯堡七桥问题，将其转化为在特定的图上找到每条边只用一次的路径。这是我们今天就这个问题的解决方法，但不是欧拉的方法。历史就是这样。数学史学家喜欢告诉你实际情况，而不是样板故事。事实上，欧拉用符号解决了全部问题。[2]

欧拉把每块土地（岛屿或河岸）和每座桥都标上字母。他用大写字母 A、B、C、D 表示土地（区域），用小写字母 a、b、c、d、e、f、g 表示桥梁。每座桥连接两块不同的土地，例如桥 f 连接 A 和 D。一次漫步从某块土地开始，可以按顺序列出经过的区域和桥，最终到达目的地。欧拉关于这方面的大部分论文都是由口头描述而成的，主要研究的是关于区域的序列。从 A 到 B 走的是哪座桥并不要紧，AB 出现的次数与相关的桥数一样。或者也可以用桥的序列，只要确定从哪里开始，然后计算去了几次给定的区域。这可能会更简单。在文章的最后，这两种符号欧拉都用上了，并给出了一个序列作为例子：

EaFbBcFdAeFfCgAhCiDkAmEnApBoElD

它对应了某个更复杂的排列。[3]

在这个表达式中，步行者走过的区域和桥的精确路径是无关紧要的，唯一需要关注的是他走过的区域和桥的顺序。"通过一座桥"被表示为"桥两边的两个大写字母是不同的"，这就排除了在桥上转身然后从原处下桥的可能。这样一来，解就是一个由大写 A—D 和小写 a—g 交替出现的序列，其中每个小写字母出现一次并且只出现一次，而在小写字母前后的大写字母则对应它所连接的两块区域。

我们可以列出每一个小写字母对应的连接情况：

a 连接 A 和 B

b 连接 A 和 B

c 连接 A 和 C

d 连接 A 和 C

e 连接 A 和 D

f 连接 B 和 D

g 连接 C 和 D

假设从区域 B 开始。从 B 出发连接其他区域的桥有三座：a、b 和 f。假设选择 f，那么序列将以 Bf 开始。f 的另一端是 D，于是得到 BfD。连接 D 与其他区域的桥有两座尚未走过：e 和 g（不能重走 f）。如果接下来走 g，那么就变成了 BfDg。g 的另一端是 C，得到 BfDgC。现在桥 c 和桥 d 是唯一可以继续的路径（不能回到 g）。如果接下来走桥 c，得到 BfDgCc，然后是 BfDgCcA。在区域 A 有 4 座桥：a、b、d 和 e（c 已经走过）。

可以走 d 吗？也不行，因为这样会有 BfDgCcAd 和 BfDgCcAdC。此刻，连接 C 的三座桥都走过了，它们是 c、d 和 g。但是谜题还没解决，因为桥 b 没走过。类似的，也不能走 e，因为这样会到 D，而那里没有路；而且，桥 b 同样没走过。那么 a 呢？这样会有 BfDgCcAaB，而唯一没走过的路是 b，这样会得到 BfDgCcAaBbA。现在，唯一的路径是 d 和 e。走 d 会变成 BfDgCcAaBbAdC，进入死胡同，而且没走过 e。而走第二条路则是 BfDgCcAaBbAeD，同样进入死胡同，而且没走过 d。

好吧，所以这一系列路径都不可行，但是还可以在更早的阶段选不同的路。现在，我们可以系统化地研究所有可能，结果是所有路径都被一一排除。有时候，我们会走进死胡同，无法离开当前区域，而且至少还有一座桥没走过。可能的路径是有限的，并且其规模小到可以被完全列出来。如果你愿意，可以试试。

假设我们已经把它们列清，这样就证明了谜题无解。这对柯尼斯堡的市民来说是够了，但对欧拉而言远远不够。首先，没搞清楚为什么会走进死胡同。其次，也没有解决其他类似的谜题是否有解。所以欧拉问了一个数学家在解决一个问题后，总会想到的最重要的问题："这样做能行，但是为什么它能行呢？"然后还会再问一个重要问题："还能有什么改进吗？"

欧拉经过考虑，得到三个简单的结果：

- 如果有解，那么每个区域必定会经由一系列桥彼此相连。例如，如果有两个以上的岛，其中 E 和 F 由一座或多座桥相连，它们是 h、i、j……但没有别的桥通往其他区域，那么这些桥唯一的作用就是在 E 和 F 之间来回穿梭，故而不可能走到别的桥。
- 假设满足上述"连通性"条件，那么除了起点和终点，只要走到别的区域，必定要从另一座桥离开。
- 凡是通过一块区域后，连接这块区域的两座桥就不能再走了。

因此，走路时会成对地使用桥梁。这个洞察很关键。如果某块区域有偶数座桥与之相连，那么就能通过这些桥而不会被困在那块区域。如果它只有奇数座桥与之相连，那么只要少走一座桥，就不会被困；但是，总会在某个阶段走过那座桥，这时就会进入死胡同。

在旅行过程中，被困是致命的。然而，如果在终点走不出去就不是问题了。将行程反过来，也就是倒着走，那么"被困"在旅行的起点也不是问题。这样的推理意味着，如果存在一条路径，那么有奇数座桥的区域最多只能有 2 块。就柯尼斯堡问题而言：

区域 A 有 5 座桥

区域 B 有 3 座桥

区域 C 有 3 座桥

区域 D 有 3 座桥

因此，有奇数座桥的区域有 4 块，比 2 块多。故而不存在满足条件的旅行路线。

欧拉还说了要使旅行线路存在，有奇 / 偶数座桥的区域的数量需满足的条件 *，但他没证明。这个有点难，我就不讲了；1871 年，卡尔·希尔霍尔策在去世前完成了证明，

---

* 即有奇数座桥的区域数量只能是 0 或 2，而有偶数座桥的区域数量则没有要求。

其结果在他死后于 1873 年发表。欧拉还说，如果要找一条闭环的旅行路线，即最后回到开始的地方，那么它的充要条件是每块区域的桥梁数都是偶数。[4]

只用现存的 5 座桥，那么 B 和 C 都有 2 座桥连接。因此，修正后的问题必然有解，但只能是一条开放的路径。路线的两端必须是 A 和 D，因为它们有奇数座桥。图例为一条可行的路径，你能否找到其他所有路径呢？

欧拉用 BfDgCcAaBbAeD 这样的符号序列表述了上面所有内容。稍晚，有人意识到可以通过可视化方式解释这些。此人具体是谁已无法考证，因为这种想法在 19 世纪中期非常流行，不过，"图"这个名称是詹姆斯·约瑟夫·西尔韦斯特在 1878 年引入的。对柯尼斯堡七桥问题

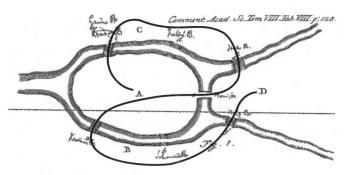

途经尚存的 5 座桥的开放式旅行

而言，只要用 4 个点 A—D 和 7 条线 a—g 画一个图，两端各连接一块区域的线代表桥，包含岛和桥的地图简化成左图，前面提到的符号序列对应于路径（如后图所示），它始于 B 终于 D，并被困在那里。

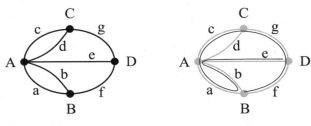

柯尼斯堡七桥的连接图　　　　　**尝试不走桥 d 的路线样例**

　　这个视觉上的简化就是柯尼斯堡七桥的图。在这种表示方式中，你将这四个点放在哪里并不重要（尽管应该让它们尽可能清晰以避免含混），也不需要精确地画线，重要的是给定的线连接哪些点。在这样的可视化情况下，欧拉的证明变得更自然。所有从一座桥到一块地区的行程必须从另一座桥离开，除非它是一条开放路径的终点。类似地，任何从一座桥上离开一个地区的行程必然是通过另一座桥进入的，除非这是开放路径的起点。所以，除非是路径的两端，桥都是成对出现的。因此，不在两端的区域会有偶数座桥。如果两端有奇数座桥，那么只可能有开放路径。或者起点和终点在同一块区域，这样就可以在不通过任何桥的情况下将它们"连"在一起，从而产生一条闭环路线。在这种情况下，每块区域都有偶数座桥。

在解决这一类问题时，欧拉成功地开启两个主要的数学领域。一个是图论，主要研究由线相连的点。这看似很简单，甚至有些幼稚。某种程度上说，它确实如此。然而与此同时，正如我们将看到的，它还是很深奥、难懂而且实用的。另一个是拓扑学，它有时被称为"橡皮几何学"，其形状可以连续变形而在本质上被认为是一样的。在拓扑学里，线的形状和点的位置可以任意变形，只要它们的连接方式不变（连续性要求），就能得到本质上相同的图形。同样地，它也表达了相同的互连信息。

如此简单的谜题竟能带来那么重大的创新，我觉得很了不起。这确实算得上出人意料的效果。还有一个重要的收获，这是外人往往无法体会的。不要低估数学，它看起来很简单，就像是孩子的玩具，一点儿也不严肃。重要的不是这些小玩意儿有多简单，关键在于你怎么用它。事实上，好的数学的一个主要目的就是让一切尽可能简单。（你或许会笑——考虑到它看起来很复杂，这很正常。

在这里我必须引用爱因斯坦的忠告：力求简单，但不能过头。）将岛简化成点，将桥梁简化成线，并没有改变谜题的本质，但确实略去了一些无关的信息——天气好吗？地面泥泞吗？桥是木头的还是铁的？如果想要周日散步或建一座桥，这些问题都很重要；但如果是想回答困扰柯尼斯堡市民的问题，那么它们就是无足轻重的。

*

柯尼斯堡的桥和肾脏移植有什么关系呢？直接的关系并不多。但间接来说，欧拉的论文引领了图论的发展，它创造了一种强大的方法来匹配捐献者和接受者，即使大多数捐献者只是想把他们的肾脏捐给近亲。[5] 2004 年，英国的《人体组织法》生效，人们可以合法地向非亲属者捐赠肾脏。

一个主要问题是匹配捐献者和接受者，因为即使有自愿的捐献者，他们的组织和血型也可能和打算接受的人不匹配。假设弗雷德叔叔需要一个肾，而他的儿子威廉愿意捐献，他们不是陌生人关系。然而不幸的是，威廉的肾脏组织配型失败。在 2004 年之前，故事的结局便是弗雷德不得不经常在透析机上接受治疗，尽管还有许多其他接受者和威廉的组织类型是匹配的。现在假设约翰·史密斯与弗雷德和威廉不是亲属，但也面临相同的问题：他的妹妹艾米丽需要一个新的肾脏，他愿意捐一个给她，该肾脏不能给陌生人，而他的组织类型也和艾米丽的配型不上。所以没人能做移植手术。

但是，假设约翰的组织类型和弗雷德的匹配，威廉的组织类型和艾米丽的匹配。2004年后，合法的肾脏交换成为可能。他们的外科医生可以聚在一起，建议约翰把他的肾给弗雷德，条件是威廉的肾给艾米丽。两位捐献者都非常有可能会同意这样的安排，因为他们的亲属能得到一个新的肾脏，而他们自己也都愿意捐献，只要这样对他们的亲属有利。对捐献者和接受者而言，谁得到哪个肾脏并没有什么不同，尽管这一点对组织配型来说极为重要。

在现代通信技术的帮助下，外科医生可以通过记录潜在的捐献者和接受者的组织类型来发现这种巧合。当接受者和潜在捐献者的数量很少时，这种方便的交换是不可能的，但当他们的数量越来越多时，这种交换方式就变得有可能了。候选接受者的数量是相当大的，2017年，英国有5000多人在等待换肾的名单上。而捐出来的肾脏可能来自一位已故的捐献者，也可能来自活体捐献者，但整体数量相对偏少——当时大约有 2000 个，这使得一位成年人通常要等上 2 年多，而孩子则要等 9 个月。

有一种确保患者受益更多、更快的方法，便是建立更精细化的肾脏交换链。现在法律也允许这种方式。假设阿米莉亚、伯纳德、卡罗尔和戴尔德丽都需要换肾，他们都有捐献者排着队，这些人一开始都愿意捐赠给他们本人。假设这些捐献者分别是艾伯特、贝丽尔、查理和戴安娜，交换链始于无私的捐献者佐伊，她很乐意将肾脏捐给任何人。假设组织类型允许以下的交换链：

> 佐伊捐给阿米莉亚。
>
> 阿米莉亚的捐献者艾伯特同意捐给伯纳德。
>
> 伯纳德的捐献者贝丽尔同意捐给卡罗尔。
>
> 卡罗尔的捐献者查理同意捐给戴尔德丽。
>
> 戴尔德丽的捐献者戴安娜同意捐给候选名单中的人。

总之，大家都很满意。阿米莉亚、伯纳德、卡罗尔和戴尔德丽得到了新的肾脏；艾伯特、贝丽尔、查理和戴安娜都捐出了他们的一个肾脏——不是给他们的亲属，而是给了惠及他们亲属的交换链上的某一位。他们通常会为此感到高兴，这是让此种交易成为可能的原因；事实上，如果他们不同意的话，他们的亲戚就无法在这种情况下得到一个肾。佐伊很高兴她的无私捐赠让某人受益，她并不在乎那个人是谁——在这个例子里，那个人是阿米莉亚。最后，一个多余的肾脏被放在了候选名单上——它总能派上用场。

如果佐伊把肾脏捐献给候选名单上的人，那么阿米莉亚、伯纳德、卡罗尔和戴尔德丽想要得到肾脏，就只能进入候选名单之中。如果不是这样，他们就会空出来四个肾脏。这叫作多米诺骨牌配对捐赠链。佐伊推倒了一块多米诺骨牌，然后一连串的骨牌按顺序倒下。接下来我们把多米诺骨牌配对捐赠链简称为"捐赠链"。

这里的重点不是名字，而是组织的类型。阿米莉亚就是那个和佐伊有相同组织类型的人。伯纳德的组织类型与艾伯特相同，卡罗尔的组织类型与贝丽尔相同，以此类推。当拥有一定数量的接受者和捐献者后，这样的链很常见，外科医生就能发现它。然而，即使医生很重视这一点，它仍然需要花时间，而且每个肾脏都很宝贵，所以尽可能好地选择捐赠链是有必要的。这很复杂，因为有许多候选捐赠链。如果是这样的话，外科医生可以同时进行这项工作，除非两条链都包含同一个捐献者，这要求把器官捐给两个人。于是，其中一条捐赠链就断了。

优化对捐赠链的选择……嗯，这听起来很数学。如果你能用数学术语来表达这个问题，并用上适当的技术，也许就能解决它。此外，解决方案不必完美无瑕，只要比你凭借猜测得到的结果好就行。戴维·曼罗夫找到了一种方法，将肾脏交换问题转换成一个关于图的问题。欧拉定理并不能解决该问题，它的任务是发现整个领域。在这期间，数学家发展了这门学科，发明了许多新的图论技术。因为图是一种离散的对象，"实际上"它只有节点和边的列表，以及哪些点由哪些边连接，所以非常适合用计算机处理。人们开发了强大的算法来分析图并提取有用的结构。就生活中会遇到的规模而言，其中有一些算法可以找到最佳的捐献者分配给病人。这些方法由计算机实现，如今在英国已于日常生活中得到应用。

*

处理配型相容的捐献者和接受者很容易，只要交换他们各自的肾脏。这需要两名外科医生同时进行手术，每位患者各有一名医生。所以我们在寻找捐赠链时，可以忽略配型相容的情况，只考虑不相容的配对。这些配对构成了图的节点。

例如，假设艾伯特愿意捐赠给阿米莉亚，但他与伯纳德相容。我们可以用下图来表示这种情况。我把捐献者的名字放在上面，和他们不相容的亲属名字放在下面，箭头表示"尾部的捐献者与头部的接受者相容"。这是一种特殊的图，它的边有特定的方向。与柯尼斯堡的桥不同，这些边是单向的，数学家把它们称为有向边，用它们画出来的是有方向性的图，简称为有向图。在作图时，边的方向用箭头表示。

两种交换方式

如果贝丽尔和阿米莉亚是相容的，那么按照规则，要再画一个相反方向的箭头。这就形成了一个双向连接，如后图所示。这幅图说明了一种最简单的肾交换，图论专家称之为2-循环图。外科医生可以建议艾伯特把他的肾捐给伯纳德，条件是贝丽尔把她的肾捐给阿米莉亚。如果各方都同意，阿米莉亚和伯纳德就能得到新的肾脏，而艾伯特和贝丽尔每人各捐一个。虽然阿米莉亚和伯纳德得不到亲属捐出来的肾脏，但又确实得到了一个肾脏。

接受者和捐献者都能从中受益，所以大多数候选捐献者愿意接受这种交换。

　　接下来的3-循环更复杂一些。现在，加上捐献者查理和接受者卡罗尔，现在有三对人。假设：

　　　　　　艾伯特和伯纳德相容

　　　　　　贝丽尔和卡罗尔相容

　　　　　　查理和阿米莉亚相容

　　于是，医生可以把艾伯特的肾给伯纳德，贝丽尔的肾给卡罗尔，查理的肾给阿米莉亚。同样，捐献者会同意这样的安排。

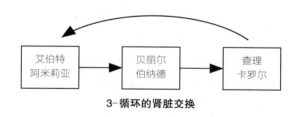

3-循环的肾脏交换

　　处理像佐伊这样无私的捐献者会略有不同，因为他们没有和其他人组成一对。让我们用一点数学技巧，通过将佐伊与一个标记为"任何人"的接受者配对，形成对应的节点，该接受者必须和那些"有偿"捐献者相容。实际上，这个虚拟接受者可以是候选名单上的任何人。假设这些人都和某些"有偿"捐献者相容——这是可能的，因为候选名单很长。现在我们从

$$节点 -Z=(佐伊，"任何人")$$

出发，画一个箭头到任意一个接受者与佐伊相容的节点。根据前面描述的多米诺骨牌配对捐赠链的描述，有向图如下图所示。

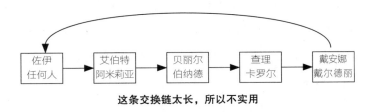

这条交换链太长，所以不实用

　　像这样的交换链是不实用的：这需要 10 个外科医生同时做手术。他们必须是同时进行的，否则，打个比方，一旦卡罗尔从贝丽尔那里得到了一个肾，查理可能突然改变主意，拒绝向戴尔德丽捐肾。当撕毁协议有利时，人们即使已经签署法律文件，也不会个个都履行。只要有这个想法，总能想办法逃避——假装生病啦，摔断一

条腿啦，怎样都行。

出于上述原因，目前的交换仅限于四种情况：前面提到过的2-循环、3-循环，以及对应于上述循环的短交换链和长交换链，区别只是后两者中包含了一位无私捐献者。短交换链只会涉及佐伊、艾伯特、阿米莉亚，以及候选名单上的某一位；而长交换链还要加上贝丽尔和伯纳德。交换肾移植仅限于这四种情况里的一种。

请注意这个小把戏。我前面已经展示过有5个节点的交换链，当把它当作交换时，情况并非完全如此，因为佐伊并没有考虑具体的接受者是谁。佐伊愿意捐赠给任何人，而在交换链的尾端，戴安娜也捐给了任何人（即候选名单中的人）。但佐伊实际上捐的对象是阿米莉亚，她与戴安娜最终捐的对象不是同一个人。数学解决了这一点，因为可以在每个有向图的结构里找到的那个对象就是"任何人"。

下面的有向图用少量的节点和箭头展示了循环和交换链。在现实中，会有很多对子，少量的利他捐献者以及大量的箭头。这是因为在有向图中，任意两个相容的捐献者X节点和接受者Y节点之间必定有箭头。同一供体可以与许多接受者兼容。例如，2017年10月共有266对有偿对子和9名无私捐献者登记在册，而箭头有5964

个。这幅图展示了在其他日子里的类似复杂性。在数学上的挑战是，不仅要在有向图中找到一对交换，还要找到最可行的交换集。

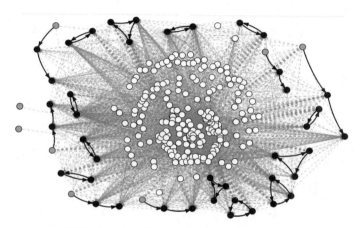

2015年7月用过的肾交换有向图。黑实线为最佳解决方案，白点代表无法配对的捐献者和接受者，灰点代表无私的捐献者，黑点代表匹配的接受者和捐献者

*

为了从数学上解决这个问题，我们需要精确地定义什么是"最可行的"。这不仅仅是一组涉及人数最多的交换，还包括其他考虑因素，比如成本和成功概率。此时，医疗建议和经验发挥了作用。英国国家卫生服

务血液与移植组织（National Health Service Blood and Transplant，缩写为 NHSBT）开发了一套标准评分系统，以量化所有特定的移植带来的潜在好处。它需要考虑患者等待的时间、组织类型匹配程度以及捐献者和接受者之间的年龄差异等因素。通过统计分析，这些因素被综合成一个分值，它是一个被叫作权重的实数。算出来的权重被赋值给有向图的箭头，也就是说，为每一个备选移植打分。

有一个条件很直观：两组不同的交换不能有公共节点，因为人们不能把同一个肾给两个不同的人。从数学上讲，它表示集合中各分量的循环不重叠。其他的条件则比较微妙。有些 3-循环具备一种有用的特性，它们在两个节点之间有一个反向的箭头。下图为具有这种特性的案例，它除了拥有和前述的 3-循环一样的箭头外，还有一个从贝丽尔到阿米莉亚的箭头。也就是说，贝丽尔与阿米莉亚和卡罗尔都相容。如果查理在最后阶段退出了交换计划，卡罗尔也可以被排除在外，剩下的 2-循环仍然可行——艾伯特捐给伯纳德，而贝丽尔捐给阿米莉亚。在数学上，这三个节点形成了一个 3-循环，而其中的两个节点形成一个 2-循环。多余的箭头称作逆弧，任何一个带有逆弧的 3-循环和所有 2-循环都叫作有效 2-循环。

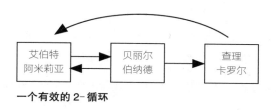

一个有效的2-循环

下面是 NHSBT 肾脏咨询组定义的肾移植最佳条件：

（1）让有效2-循环的数量最大化。

（2）在满足（1）的情况下，包含的循环尽可能多。

（3）在满足（1）和（2）的情况下，尽可能少地使用3-循环。

（4）在满足（1）至（3）的情况下，逆弧的数量尽可能大。

（5）在满足（1）至（4）的情况下，让循环的总权重最大。

这个定义背后的指导思想是条件有优先级之别：一旦符合某些条件，其他优先级较低的条件只能次第考虑。例如，条件（1）保证了三方交换不会减少本可以完成的双向交换的数量。这是有好处的，一是简单，二是倘若有人退出，可以继续进行2-循环。条件（5）意味着在满足（1）至（4）后（也只有在满足它们后），交换应该尽可能有效，而且成功率要尽可能高。

　　数学问题是根据这些标准找到一组最优的交换。通过一些思考并稍做计算，人们发现检验每一种可能的交换是行不通的。可能性太多了。假设有 250 个节点和 5000 条边。平均而言，每个节点都会有 20 条边，大致来说，我们可以假设它有 10 个箭头和 10 个箭尾。假设我们要列出所有可能的 2-循环。那么，选择一个节点，并跟踪从它出发的 10 个箭头。每个箭头会终止在不同的节点上，而这些节点自己又有 10 个向外的箭头。如果最终节点和初始节点相同，那么它就是一个 2-循环。在这里有 100 种可能需要检验。找到 3-循环需要 $100 \times 10 = 1000$ 次这样的检验，所以每个节点需要检验 1100 次。对有 250 个节点的图而言，需要检验的情况有 275000 种，忽略其中的某些"捷径"可以减少总数，但不会改变总体的数量级。

　　不过，现在所做的只是列出所有可能的 2-循环和 3-循环。一组交换对应一个由它们组成的集合，集合的数量随着循环数量的增大呈指数级增长。2017 年 10 月的有向图包含了 381 个 2-循环和 3815 个 3-循环。单是 2-循环就有 2^{381} 组，它是一个 115 位的数。3-循环的数量多达 1149 位数。而且，这里还没考虑集合是否有重叠。

　　毫无疑问，这不是解决问题的方法。但这确实告诉我们必须发明一些非常强大的方法才能解决它。接下来让我谈谈相关的思路。可以把这个问题看作是一种更华丽的旅行商问题：它是一类约束条件完全不同的组合优化问题，但某些考虑点很相似。问题的关键是计算最优解需要多长时间。像第三章一样，我们可以从计算复杂度方面来研究策略。

如果交换只涉及 2- 循环，那么用在图论里的最大权重匹配法，最优交换集的计算是多项式时间的，其复杂度是 P 类。当存在 3- 循环时，即使没有无私捐献者，优化问题也是 NP 困难的。尽管如此，曼罗夫和他的同事基于线性规划设计了一个可行的算法，我们在第三章曾提到过。他们的算法——UKLKSS——重新定义了优化问题，从而可以通过计算一系列线性规划来解决问题。每一个结果都作为下一次计算的附加约束。因此第一个条件（1）得到了优化，它用到一种叫作"埃德蒙算法"的方法，该算法是由西尔维奥·米卡利和维贾伊·瓦齐尔尼实现的。埃德蒙算法能在图中找到最大匹配，其所花费时间与边数乘以节点数的平方根成正比。匹配会把公共边两端的顶点对关联起来，问题就变成了在舍弃相交于公共节点的边的情况下，尽可能多地匹配节点对。

根据条件（1）进行优化后，将得到的结果用于对条件（2）的计算，这时用到的有 COIN-Cbc 整数规划求解器算法（它是运筹学计算基础设施 [COIN-OR] 项目的众多算法里的一个）以及一些其他算法。

到 2017 年底，这些图论方法总共确定了 1278 例候选肾脏移植，但只进行了 760 例，因为在评估的后期会出现各种实际问题，比如捐献者或接受者病得太厉害以至于不能进行手术，又或者发现组织类型不像之前认为的那样相容，等等。然而，相较于以前的方法，系统性地使用图论算法来有效组织肾脏移植是一大改进。这也为未来指明了前进方向，因为如今已经可以长时间保持在体外的肾脏的健康，所以在交换链上的手术不必在同一天进行。这使得考虑更长的交换链成为可能，从而带来了新的数学问题。

我并不是要赞美欧拉能预见未来。他完全没有想到自己对一个傻乎乎的谜题的聪明办法会在医学上有用处，当然更想不到它会被用在器官移植的手术中，在那个时候，手术是一种痛苦的屠杀。但我确实想表扬欧拉，因为即使在那么久远的日子里，他也发现了这个谜题蕴含着更深层次的东西。看看本章开头的题词，他说得很明确。欧拉在上下文中反复提到"位置几何学"。他实际上使用的拉丁短语是 analysis situs（位置分析）。他把这个术语归功于莱布尼茨，并暗示莱布尼茨意识到这个主题可能很重要。显然，他对与传统欧几里得形状无关的几何形式很感兴趣。他没有因为它不正统而拒绝它，恰恰相反，他并不墨守成规，也很高兴为这种几何学的发展贡献了自己的一份绵薄之力。他乐在其中。

莱布尼茨的梦想在19世纪取得了一些重大进展后，于20世纪得以实现。我们现在称其为拓扑学，我将在第十三章向各位展示它的一些新用途。图论依然与拓扑学有联系，但它们的主要发展路线是不一样的。诸如"边的权重"这样的概念是数值化的，而不是拓扑的。但是，人们可以用图来模拟复杂的交互系统从而解决优化问题的想法，正是源于欧拉，他解决了一类新的问题，因为这类问题激发了他的想象力，从而使其发明了自己的方法来解决它们。这是近三个世纪前，在叶卡捷琳娜一世统治下的俄国圣彼得堡。在英国或任何其他一个运用图论技术更有效地分配脏器的国家里，每个接受肾脏移植的人都应该为欧拉的研究感到欣慰。

05

在电子空间保持安全

迄今为止，还没有人发现数论或相对论能被用于战争，而且在未来的很长一段日子里，似乎也不太可能有人去做这些事。

——戈弗雷·哈罗德·哈代，

《一个数学家的辩白》，1940 年

皮埃尔·德·费马以他的"费马大定理"而闻名，即如果 n 大于等于 3，那么两个整数的 n 次幂之和不可能是一个整数的 n 次幂[*]。1995 年，在费马提出这个猜想约358 年后，安德鲁·怀尔斯终于找到了一个现代的、非常

---

[*] 这三个整数都不为零。

技术化的证明。[1] 费马曾是图卢兹议会的一名律师，但他把大部分时间都用在了研究数学上。他有个朋友叫福兰尼可·德·贝西，是一位巴黎数学家，此人以将所有 880 个 4 阶幻方编目成册而闻名。他们二人经常通信，1640 年 10 月 18 日，费马写信给德·贝西，他用法语写道："每个质数都能除……任何一个幂数列减 1，而这个幂数列的指数是那个质数减 1。"

费马的话翻译成代数语言就是，如果 p 是质数而 a 是一个任意数，那么 $a^{p-1}-1$ 能被 p 整除（即没有余数）。例如下面的例子，因为 17 是质数，他断言所有形如

$$1^{16}-1, \quad 2^{16}-1, \quad 3^{16}-1 \cdots 16^{16}-1, \quad 18^{16}-1 \cdots$$

的数都是 17 的倍数。很明显，我们要去掉 $17^{16}-1$，它不可能是 17 的倍数因为它比 17^{16} 小 1。费马知道需要这个额外条件，但在信中没有这样说。让我们检验下面这个例子：

$$16^{16}-1=18446744073709551615$$

这个数除以 17 恰好等于

$$1085102592571150095$$

真是太棒了!

如今,为了与他的大(或最后)定理作区别,我们把这个奇怪的事实叫作费马小定理。费马是数论领域的先驱之一,该领域研究的是整数高深的性质。在他所经历的时代以及此后的三个世纪里,数论是纯数学中最纯粹的理论。它没有任何重要的用途,而且看起来也永远不会有什么用。作为英国最杰出的纯数学家中的一员,戈弗雷·哈罗德·哈代肯定是这么认为的,他在1940年出版的《一个数学家的辩白》一书中就是这样说的。数论是他最喜欢的数学领域之一,他与爱德华·梅特兰·赖特在1938年一起出版了经典著作《数论导引》,书中的第六章定理72就是费马小定理。事实上,整个章节讨论的都是该定理的各种推论。

哈代的政治和数学观点受到学术界最高层盛行的理念的影响,如今看来是相当做作的,但他的写作优雅,对那个时代学术态度的洞察力也是有价值的。其中一些与今天仍有关系,而另一些则已时过境迁。哈代写道:"对一个专业数学家来说,发现自己在写关于数学的东西是一种令人悲伤的经历。数学家的工作就是去研究一些事情,去证明新的定理,去给数学添砖加瓦,而不是谈论他或其他数学家做过的事。"学术界高度重视的"外展"

只是近来的事情，但同样程度的自命不凡在四十年前的交流中很常见。

哈代觉得有必要为自己的专业辩解的一个原因是，在他看来，他毕生奉献的那种数学没有任何有用的应用，也不太可能得到什么有用的应用。它没有得到应有的回报。他对这门学科的兴趣纯粹是智力上的——在解决困难的问题、促进人类抽象知识的发展等方面得到满足。他不太关心效用，但确实为此感到一些愧疚。作为一个终生的和平主义者，真正让他担心的是数学被用于战争。当时，第二次世界大战正如火如荼地进行着，时光流逝，数学的某些领域已经有了重要的军事用途。据说，阿基米德利用抛物线知识将阳光聚焦到敌舰，点燃了它们，他还根据杠杆原理设计了一个巨大的抓斗，把沉船从水里捞上来。弹道学告诉人们如何瞄准，不管是炮弹还是爆炸弹。导弹和无人机更是依赖复杂的数学，比如控制理论。但哈代确信，他钟爱的数论永远不会被用于军事——至少在很长一段时间内不会——并以此为傲。

*

哈代写道，在那个时代，一个剑桥"先生"（研究员）

每天会花上四个小时做研究，偶尔可能会上一个小时的课，剩下的时间则是放松，为自己的大脑充电。他会看板球或读报纸。他大概没想到，即使是一流的数学家，也可以利用业余时间告诉普通人数学家在研究什么。这样，他们就可以创造新的数学并把它们写出来。很多专业人士现在就在做这方面的工作。

哈代认为，大量的"纯"数学没有直接的用途，而且可能永远不会有用，这个观点通常没错。[2]但是，可以预见的是，一旦他把某个领域当作没有用的具体例子，那就要冒着正好选错领域的风险。当他说数论和相对论在很长一段时间内不太可能为战争服务时，他大错特错了——尽管我们应该称赞他并没有完全排除这些应用。这里最大的问题是，如何可以事先判断出哪些概念能被应用而哪些不能。解决了这个问题，你就能赚大钱。但恰恰是那些看起来不能被应用的领域，才能够突然被应用于工商业的前沿，当然很不幸的是还有战争，数论便是如此。特别是费马小定理，它如今被当作无法被破解的密码的基础。

具有讽刺意味的是，就在哈代提出辩白的两年前，军情六处的负责人买下了布莱切利庄园，那里将成为政府密码学校（GC&CS）的所在地，它是"二战"期间盟军破译密码的秘密中心。在这里，密码分析团队破译了德国人在战争中使用的恩尼格玛密码，以及其他一些轴心国的密码系统。布莱切利庄园最著名的成员艾伦·图灵在 1938 年就开始准备，战争宣布当日正式投入工作。布莱切利庄园的密码分析师们用智慧和数学破解了德国的密码，他们的方法中包含了数论的思想。在四十年的时间里，以数论为基础的密码学发生了一场革命，它在军事和民用上都有重要的应用。后来，它又对互联网的运作起到了至关重要的作用。如今，它正"润物细无声"地支撑着我们。

相对论也在军事和民用上得到了应用。在开发原子弹的曼哈顿计划中，它的影响是外围性的，主要体现在爱因斯坦的著名方程 $E=mc^2$ 让物理学家相信一点点的质量中包含大量能量的流行神话。这主要是在广岛和长崎遭到轰炸后的一种合理化解释，目的是让公众更容易理解这种武器是如何实现的，它甚至可能是为了转移公众对真正的机密——核反应的物理学——的注意。更切题的例子是，近些年来由卫星导航的全球定位系统（第十一章）的准确性依赖于狭义相对论和广义相对论，用它们可以准确计算位置。该系统是由美国军方资助的，最初只供军方使用。

军方以二比零赢了哈代。

我并不是在责怪哈代。他不知道布莱切利庄园发生了什么，他也根本不可能预料到数字化计算和通信的迅速崛起。"数字化"基本上等同于处理整数，而数论研究的就是整数。突然之间，一代又一代纯数学家出于求知欲而取得的结论可以被开发出来用于技术创新。今天，大量的数学——不仅仅是数论，还包括组合学、抽象代数、泛函分析等各个领域——都被用在四分之一人口每天携带的电子设备上。人们对哈代钟爱的数论做了巧妙的数学变换，从而保证了个人和公司的在线交易以及军事安全服务的保密性。图灵不会诧异于这些，他走在这个领域的前沿，这促使他在 1950 年便开始认真思考人工智能问题。然而，图灵是一个有远见的人。那时候，人工智能甚至连科学幻想都不是，它只是幻想。

*

密码（或者说加密）是一种将用普通语言（明文）表达的信息转换成看起来乱糟糟的密文的方法。这种转换通常依赖一个密钥，即一种保密的重要信息。例如，据说尤利乌斯·恺撒曾使用一种密码，在这种密码中，字母表上的每个字母都要顺着某个方向移动 3 格。这里的密钥是"3"。这类代换密码是将字母表中的每个字母以固定的方式转换成另一个字母，如果密文数量充足，这种密码很容易被破解。人们只需要知道字母在明文中出现的频率，就能很容易地猜出密码。一开始会有一些差错，但如果某一段文字看起来可以解码 JULFUS CAESAR，那么普通人也能意识到 F 应该代表 I。

尽管恺撒密码既简单又不安全，但它是解释通用原理的好例子，直到最近，这一原理几乎支撑着所有密码系统，就对称密码而言，发送方和接收方使用的密钥本质上是相同的。我之所以说"本质上"，是因为密钥的使用方式不同：恺撒把字母向前移动 3 格，而接收者把字母向后移动 3 格。但是，如果知道如何用密钥对消息加密，那么就可以轻松地反推加密过程，用相同的密钥对其进行解密。即使是非常复杂和安全的密码系统也是对称的。因此，出于安全性的要求，密钥必须对除发送方和接收方之外的所有人保密。

正如本杰明·富兰克林所说："三个人无法保守一个秘密，除非其中有两个是死人。"在对称密码中，至少需要两个人知道密钥，在富兰克林看来，这就太多了。1944 年至 1945 年，美国贝尔实验室有人（可能是信息论的创始人克劳德·香农）建议通过在信号中加入随机噪声，然后在接收时再除去噪声，以保护语音通信不被窃听。该方法也是对称的，因为密钥是随机噪声，而且加入和除去是相反的操作。1970 年，英国政府通信总部（缩写为 GCHQ，其前身为 GC&CS）的工程师詹姆斯·埃利斯想知道噪声是否可以用数学方法产生。如果可以，那么至少可以相信，加密不只是信号叠加，而是通过一些数学过程实现的，这样即使知道有噪声，也很难将其去掉。当然，接收方必须能够除去噪声，但这可以通过使用只有接收方知道的第二个密钥来实现。

埃利斯把这个想法叫作"非秘密加密"，它在今天的术语是"公钥密码系统"。这个词意味着将信息转换成密码的规则是可以向公众披露的，但如果不知道第二把密钥，就没有人能逆转这一过程并解码信息。唯一的问题是埃利斯无法设计出一种合适的加密方法。他想要的是如今所说的陷门函数，这种函数容易计算，但很难逆转，就像掉进陷门一样。但是，和之前一样，系统必须有保密的第二个密钥，让合法的接收者方便地解密，就好比用一把隐蔽的梯子爬出来。

英国数学家克利福德·科克斯也供职于 GCHQ。1973 年 9 月，科克斯灵机一动，用质数的性质构造了一个陷门函数，从而实现了埃利斯的梦想。从数学上说，两个或多个质数相乘很容易。你可以手动计算两个50位的质数，得到一个99位或100位的结果。反过来，求一个100位数的质因数则困难得多。学校教的标准方法是"依次尝试可能的质数"，因为需要尝试的质数太多，所以没什么用。科克斯设计了一个基于两个大质数乘积的陷门函数，即使用这两个质数相乘得到的结果。这样生成的密码非常安全，以至于该乘积——不是质数本身——可以公开。解码需要知道这两个质数，它们就是第二个密钥。除非知道这两个质数，否则寸步难行：只知道它们的乘积是没有用的。例如，假设我找到了两个质数，它们的乘积是

1192344277257725493692842126720503130580533959
8743208059530638398522646841344407246985523336728
666069

你能算出它的质因数吗？[3] 速度非常快的超级计算机可以做到这一点，但是笔记本计算机很难。位数更多的话，就连超级计算机也算不出。

总之，科克斯是搞数论的，他设计了一种方法，用一对质数来创建一个陷门函数——等我们有了必要的概

念后，我将对此再做解释。这个方法太简单了，一开始他甚至没有把它写出来。后来，他把这些细节写进了给上级的报告中。但是，那个年代的计算机还很原始，没有人能想出它能用来干什么，因此它被列入机密，还被共享给美国国家安全局。这两个组织都发现了它在军事上的潜力，因为即使计算速度很慢，还是可以用公钥系统以电子方式将用于完全不同的密码之密钥发送其他人。无论在军用还是民用方面，这是目前此类密码的主要用途。

英国的官老爷抓不住商机，在这方面他们有一张长长的记录单——青霉素、喷气发动机、DNA指纹等。不过，在这种情况下，他们可以从专利法中得到一些安慰，因为想要获得专利，就必须公开它的细节。无论如何，科克斯革命性的概念被记录在案，就像《夺宝奇兵》的结尾那样，装着约柜*的箱子就和其他密密麻麻的箱子一样，被深藏于政府的秘密大仓库里。

同样的方法于1977年面世，这次是由三位美国数学家重新发现的，他们分别是罗纳德·里韦斯特、阿迪·沙米尔和伦纳德·阿德尔曼。这个密码系统如今以他们的名字命名，被称为RSA密码系统。1997年，英国安全部

---

* 古代以色列人的圣物。

门最终解密了科克斯的工作，这就是我们现在能知道他才是首创者的原因。

*

一旦人们意识到任何信息都可以用一个数字表示，数论就进入了密码学。在恺撒密码中，这个数字是字母在字母表中的位置，为了方便代数运算，数学家喜欢用 0 到 25，而不是 1 到 26。所以 A=0、B=1，以此类推直至 Z=25。该范围以外的数可以通过加减 26 的倍数转换到该范围内。这个约定将 26 个字母组成一个圈，于是 Z 之后又回到了 A，恺撒密码可以被浓缩成一个简单的数学规则，即公式：

$$n \rightarrow n+3$$

逆向的过程看起来也差不多：

$$n \leftarrow n+3 \text{ 或 } n \rightarrow n-3$$

这就是密码是对称的原因。

我们可以通过改变规则（公式）来创造新的密码。我们只需要一种将消息转换成一个数字的简单方法，再配上两个公式——一个公式把明文消息转换为密文，另一个把它逆转过来。两个公式互为可逆。

有很多方法可以把明文转换为数。一个简单的方法是用 0 到 25 分别表示每个字母，然后再把这些数字串起来（需要用 00 到 09 替代 0 到 9）。于是，JULIUS 就变成了 092011082018（记住，A=00）。或许还需要一些额外的数来表示空格、标点符号等。把一个数转换成另一个数的规则叫作数论函数。

把数组成一个圈是标准的数论技巧，叫作模运算。我们在这里选取数 26，假设 26 和 0 是相等的，所以所有需要的数只有 0 到 25。1801 年，卡尔·弗里德里希·高斯在他著名的《算术研究》（*Disquisitiones Arithmeticae*）中指出，在这样的系统里，可以在遵循所有代数的一般规律的情况下，对数做加、减、乘运算，其结果仍在 0 到 25 之间。即用平常的数做常规计算后取除以 26 后的余数。例如，$23 \times 17 = 391$，而 $391 = 15 \times 26 + 1$。即余数为 1，所以在这种非常规算术中，$23 \times 17 = 1$。

用其他数代替 26，道理也是一样的，这个数被称为模数，为了强调，我们把它记作 (mod 26)。据此，我们已经计算出 $23 \times 17 = 1 \pmod{26}$。

那么除法呢？如果除以 17，我们先不管它代表什么，

可以得到

$$23=1/17 \ (\text{mod } 26)$$

所以除以 17 就等于乘以 23。现在，我们可以发明一个新的编码规则：

$$n \rightarrow 23n \ (\text{mod } 26)$$

其逆向过程是

$$n \leftarrow 17n \ (\text{mod } 26)$$

这条规则使字母表的顺序变得很混乱

AXUROLIFCZWTQNKHEBYVSPMJGD

这仍然是一种单个字母级别的替换码，所以很容易被破解，但它证明了我们可以改变公式。它还说明了如何运用模运算，这种运算是多数数论领域的关键。

不过，除法可能更麻烦。因为 $2 \times 13=26=0 \ (\text{mod } 26)$，我们不能除以 13，否则就会推导出 $2=0/13=0 \ (\text{mod } 26)$，这是不对的。除以 2 也一样。通用原则是，可以除以任意一个不是模数的质因数的数。0 也被排除在外，但这并不奇怪，在普通整数中我们也不能除以 0。如果模数是质数，那么就可以除以 0 以外的任何比模小的数。

模运算的优点是它为明文"单词"列表构造了一个代数结构。这为明文和密文互相转换创造了各种各样的规则。科克斯以及后来的里韦斯特、沙米尔和阿德尔曼，都选了一种非常聪明的规则。

对消息一次编码一个字母、对每个字母使用相同的数码，都不太安全，无论用什么样的规则，我们都有一个替换编码。但是如果把信息分割成块，比如每十个字母一块，或者是如今更常用的百个字母一块，然后把每块字母转换成一个数，我们就能得到基于块的替换编码。如果数据块足够多，那么数据块生成的频率就没有特定的规律，所以通过分析哪个数出现得更频繁来解码将不再有效。

*

科克斯和 RSA 是从费马在 1640 年发现的美丽定理中推导出规则的，该定理告诉我们整数的幂在模运算中的规律。用现代语言来说，费马告诉他的朋友德·贝西，如果 n 是质数，那么对任意整数 a，有

$$a^n = a \pmod{n} \text{ 或者等价的 } a^{n-1} = 1 \pmod{n}$$

费马写道："如果不是要写的太多，我会给你一个证明。"
欧拉在 1736 年给出了这个缺失的证明，1763 年他又发表了一个在模数不是质数的情况下更为通用的定理。在这里，a 和 n 不能有公因数，而在这个公式的第二个版本中，$n-1$ 次幂被欧拉函数 $\varphi(n)$ 所代替。我们不需要知道它是什么 [4]，但我们需要知道如果 n 是两个质数 p 和 q 的乘积（$n=pq$），那么 $\varphi(n)=(p-1)(q-1)$。

RSA 密码系统的加解密过程是这样的：

● 找到两个大质数 p 和 q。

● 计算乘积 $n=pq$。

● 计算 $\varphi(n)=(p-1)(q-1)$，并保守秘密。

● 选择与 $\varphi(n)$ 没有公共质因数的数 e。

● 计算 d，使得 $de=1(\mod \varphi(n))$。

● 可以公开 e。（顺便说一下，这并不会泄露与 $\varphi(n)$ 有关的有用信息。）

● 保证 d 的私密性。（这一点至关重要。）

● 设 r 为明文消息，将其以 n 为模数进行编码。

● 将 r 转换为密文 $(\mod n)$。（该规则也可以公开。）

● 要解码 r^e，只需将其取 d 次幂 $(\mod n)$。（请记住，

d 是保密的。）于是会得到 $(r^e)^d$，即 r^{ed}，根据欧拉定理，它等于 r。

这里的编码规则是"取 e 次幂"：

$$r \rightarrow r^e$$

而解码规则是"取 d 次幂"：

$$s \rightarrow s^d$$

这里有一些数学上的技巧，我就不展开了，只要你分别知道 p 和 q，它可以让你（在今天的计算机上）快速地执行所有上述步骤。麻烦的是，如果你不知道 p 和 q，那么知道 n 和 e 对计算 d 没什么用，而 d 是解码信息所必需的。本质上，你需要找到 n 的质因数 p 和 q，而我们已经知道，这显然比用 p 和 q 相乘得到 n 要难得多。

换句话说，"取 e 次幂"起到了陷门的作用。

目前，对于 100 位的质数 p 和 q，上面所有的操作都可以用笔记本电脑在一分钟左右完成。RSA 系统有一个令人愉快的特点，那就是随着计算机变得越来越强大，我们需要做的就是让 p 和 q 也变得越来越大。同样的方法依然有效。

RSA 有一个缺点，尽管它完全实用，但还是有点慢，不能常规化地用于全部消息内容。RSA 主要的实际应用是把它当作一种安全的方式来传输完全不同的密码系统的密钥，而这个密码系统实现起来要快得多，而且只要没人知道密钥就很安全。因此，RSA 解决了密钥分配问题，而密钥分配问题自密码学诞生之初就一直是个难题。恩尼格玛机被破解的一个原因，就是设备上的某些设置在每天开始时被以不安全的方式分发给操作员。RSA 的另一个常见应用是验证电子签名，即建立发送者身份的加密消息。

科克斯的老板拉尔夫·本杰明是 GCHQ 的首席科学家、首席工程师和监督总监，他非常敏锐，发现了这种可能性。本杰明在一份报告中写道："我认为它对军事非常重要。在变动不定的军情中，你可能会遇到无法预见的危机和机遇。如果你能快速地通过电子化方式分享密钥，你就会比对手有更大优势。"不过，当时的计算机还不能胜任此事，事后看来，英国政府错失了一个巨大的机遇。

*

用数学技巧解决实际问题很少能"吃现成"。和其他所有东西一样，它们通常需要经过适配和调整才能克服各种困难。就 RSA 来说，它并不像我刚才描述的那么简单。事实上，当我们不再称赞思想概念，转而思考其中可能出现错误的地方时，数学家就会面对许多有趣的理论问题。

不难看出，如果不知道质因数 p 和 q，想要计算 $\varphi(n)$ 就和找到 p 和 q 本身一样困难。事实上，这似乎是唯一的方法。所以，最大的问题变成了质因数分解有多难？大多数数学家认为这是极其困难的，就技术上而言，任何因数分解算法的运行时间都随着 pq 乘积的位数呈指数级增长。（顺便说一句，使用两个而非三个质数的原因是，两个质数相乘才是最难的。一个数的质因数越多，就越容易找到其中的某一个。除这个数，得到的数就会小很多，也就更容易找到下一个因数。）不过，目前还没人能证明质因数分解是一件困难的事情，没有人知道这样的证明如何入手。所以，RSA 的安全性依赖于一个未经证明的猜想。

其他问题和缺陷涉及该方法的细节。糟糕地选用质数会让 RSA 容易受到巧妙的攻击。例如，如果 e 太小，那么我们可以通过把密文 r^e 当作一个普通的数，对其取 e 次根（而不是用规定方法的 mod n），从而得到消息 r。又如，如果用同样的指数 e，将相同的消息发送给 e 个接收者，那么即使 p 和 q 对于每个人来说都不一样，也会发生潜在的缺陷。中国剩余定理（CRT）有一个优美的结果，利用它能得到明文。

如前所述，RSA 在字面上也是不安全的，这意味着从原则上说，它可以通过加密大量不同的明文，同时试着将结果与想要破解的密文相匹配，进而实现其目的。这基本上就是通过反复试错达成目的。这对长消息可能不实用，但如果是发送大量短消息，就可能奏效。为了避免这种情况，RSA 会按照一些特定而随机的机制，通过填充额外的数字来修改消息。这样会让明文变得更长，也避免了多次发送相同的消息。

另一种破解 RSA 密码的方法不是利用它在数学上的缺陷，而是利用计算机的物理特性。1995 年，密码学创业者保罗·科赫尔发现，如果破解者对在用的硬件有足够的了解，并且能够测量解码多条消息所花费的时间，就可以很容易地推断出密钥 d。达恩·博内和戴维·布伦利在 2003 年演示了用这种方法实现攻击的实例，该案例的消息是通过传统网络用标准 SSL（安全套接字层）协议发送的。

有一些数学方法在某些时候可以非常快地分解一个大数，这意味着选取的质数 p 和 q 必须满足某些限制条件。它们不能相差太小，否则就可以用费马的分解方法。2012 年，由阿尔扬·伦斯特拉领导的一个研究小组对从互联网上获取的数百万个公钥进行了试验，并成功破解了其中的 500 个。

真正改变游戏规则的将是一台实用的量子计算机。这种计算机还处于起步阶段，它们用量子比特代替通常的二进制数字 0 和 1，理论上可以用空前的速度进行巨大的计算，比如对超大的数进行因式分解。我将在本章的后面部分再作讨论。

*

RSA 系统只是基于数论的众多密码中的一种，它也和组合数学紧密相关。所谓组合数学，是指在不列出所有可能排列的情况下，计数其数量的数学。为了让你们相信，就密码学而言，数学之井尚未枯涸，我将介绍另一种密码系统，它利用了一个当今数论中最深刻、最激动人心的领域。该领域和"椭圆曲线"有关，它是安德鲁·怀尔斯证明费马大定理的核心内容之一。

数论自费马和欧拉时代以来一直在发展。代数也是如此，它的重点从对未知数的符号表示变成了由特定规则定义的符号系统的一般性质。这两个研究领域有很大的重叠。某些关于密码学的有趣想法源于代数和数论这两个专业领域的结合，它们便是有限域和椭圆曲线。要理解其中所包含的内容，我们首先需要知道它们是什么。

人们发现，在对某个模数做算术运算时，在遵循通常的代数规则的情况下，可以对"数"进行加、减、乘运算。为了避免跑题，我没有说这些规则是什么，但比较典型的是交换律 $ab=ba$ 和结合律 $(ab)c=a(bc)$。它们都适用于乘法，对于加法也类似。分配律 $a(b+c)=ab+ac$ 也是成立的，至于 0 和 1 也满足一些简单的规则，如 $0+a=a$、$1a=a$。遵循这些规则的系统被称为环。如果还允许除法（不能除以 0），并且满足这些标准规则，我们将得到一个域。这些名称来自德国，它们由来已久，基本上只是指"某种遵循特定规则的东西的集合"。对 26 取模的整数构成一个环，称为 Z_{26}。我们知道，它除以 2 或 13 会有问题，所以它不是一个域。我说过（没有说明为什么）整数对一个质数取模不会有这样的问题，所以 Z_2、Z_3、Z_5、Z_7，等等，这些关于整数 2、3、5、7 的模都是域。

普通的整数有无穷多，它们构成一个无限的集合。相较而言，像 Z_{26}、Z_7 这样的系统是有限的。前者只包含数 0 到 25，是一个有限环，而第二个包含 0 到 6，是有限域。有限系统能够遵循如此多的代数规则而不存在任何逻辑上的不一致，是非常值得关注的。不是太大的有限数系非常适合计算机计算，因为它们可以被精确计算。因此，各种各样的密码都是基于有限域就不奇怪了。它们的应用不只有为了确保保密的加密密码，还包括为了保证接收信息没有因随机"噪声"（如电气干扰）产生错误的错误检测和纠正编码。编码理论这个全新的数学领域就是处理这些问题的。

最简单的有限域是 Z_p，即对质数 p 取模的整数。费马知道它们构成一个域（尽管他不知道这个术语）。法国革命者埃瓦里斯特·伽罗瓦在 20 岁时死于一场不幸的决斗，他证明了它们并不是唯一的有限域。他发现，所有质数幂 p^n 都构成一个有限域，每个这样的有限域包含 p^n 个不同的"数"。（请注意，当 n 大于 1 时，这个域不是整数模 p^n。）所以，2、3、4、5、7、8、9、11、13、16、17、19、23、25……这样的元素构成有限域，而 1、6、10、12、14、15、18、20、21、22、24……这样的元素不能构成有限域——这个定理很有意思。

椭圆曲线（它和椭圆没有直接关系）起源于另一个领域，那就是经典的数论。大约在 250 年，亚历山大的古希腊数学家丢番图写了一篇如何用整数（或有理数）解代数方程的文章。例如，由于勾股定理（毕达哥拉斯定理），著名的 3-4-5 三角形有一个直角，因为 $3^2+4^2=5^2$。因此，这些数是勾股定理方程 $x^2+y^2=z^2$ 的解。丢番图的一个定理说明了如何求解这个方程的所有分数解，这样自然就包括了整数解。这种在有理数范围内求解的方程被称为丢番图方程。必须是有理数使规则发生了改变，例如，$x^2=2$可以用实数求解，但在有理数范围内无解。

丢番图有一个问题是，"把某个给定的数分成两个数，而这两个数的积是某个数的立方减去其自身"。即，如果给定的数是 a，我们把它分成 Y 和 $a-Y$，然后求解方程

$$Y(a-Y)=X^3-X$$

丢番图研究了当 $a=6$ 时的情况。适当地变换变量，将等式两边同时减去 9，然后把 Y 代换成 $y+3$、X 代换成 $-x$ 后，方程就变成了

$$y^2=x^3-x+9$$

最后，他推导出解：$X=17/9$，$Y=26/27$。

值得注意的是，在数学家试图用数学分析（高等微积分）来计算某段椭圆的弧长时，类似的方程也会出现在几何中。事实上，这就是"椭圆曲线"名称的由来。数学家知道如何用微积分来求解与圆有关的类似问题。于是，这个问题就降级成求解一个包含二次多项式的平方根的函数的积分，这可以用（反）三角函数实现。同样的方法应用到椭圆上，会导致函数的积分包含三次多项

式的平方根，人们经过一系列徒劳的努力后，发现它必然会用到一类新函数。这些函数虽然复杂，但却相当漂亮，它们被称为椭圆函数，因为它们与椭圆的弧长有关。三次多项式的平方根相当于求解下列方程的 y

$$y^2=x^3+ax+b$$

（等式右边的 x^2 项的系数都能被变换成0）。在解析几何中，这个方程定义了平面上的一条曲线，因此这样的曲线（在代数上被称为方程）被称为"椭圆曲线"。

当系数是整数时，我们可以用模运算来考虑这个方程，比如 Z_7。所有普通整数解都会变成模7算术里的一个。由于这个数系是有限的，我们可以用试错法。对丢番图方程 $y^2=x^3-x+9$，我们很快发现模7的全部的解是：

$$x=2, y=2 \quad x=2, y=5$$
$$x=3, y=1 \quad x=3, y=6$$
$$x=4, y=3 \quad x=4, y=4$$

这些解代表了所有普通整数解，它们模7后，必然是上述六组解之一。有理解也是如此，前提是分母不是7的倍数——这是不允许的，因为在 Z_7 里，分母会变成0。把7换成别的数，我们可以得到更多假设的有理解的信息。

现在，让我们看看椭圆曲线（方程）在有限环和有限域的情况。在这里，曲线的几何图像并不适用，因为我们只有一个有限的点集，但为了方便起见，我们采用相同的名字。例图展示了一个典型的形状以及它的一个特性，费马和欧拉都了解这个特性，20世纪早期的数学家对此也很感兴趣。如果给定两个解，把它们相加后可以得到另一个解，如图所示。如果解是有理数，那么它们的和也是有理数。这可不只是"买二送一"，而是"买二送超级多"，因为这个结构是可以重复的。有时候，这样会回到起点，但大多数情况下它会让我们得到无穷多个不同的解。事实上，这些解有一个很好的代数结构：它们构成一个群，即椭圆曲线的莫德尔—魏尔群。路易斯·莫德尔证明了它的基本性质，安德烈·魏尔将其一般化，

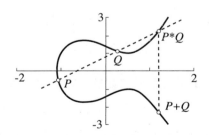

在椭圆曲线上"添加"两个点 P 和 Q，用直线将它们连接起来后，和曲线交于点 $P*Q$。它在 x 轴上的投影等于 $P+Q$

所谓"群"，就意味着加法遵循一系列简单的规则。这种群是可交换的，即满足 $P+Q=Q+P$，显然从图上可以看出，通过 P 和 Q 的直线就是通过 Q 和 P 的直线。这种群结构的存在并不寻常，大多数丢番图方程就不满足。许多方程根本无解，有些只有几个，而且很难判断某个特定的方程究竟属于哪一种。事实上，正是由于这个以及其他一些别的原因，椭圆曲线一直是研究的重点。安德鲁·怀尔斯证明了一个很难的椭圆曲线猜想，它正是证明费马大定理的关键步骤。

*

椭圆曲线的群结构也引起密码学家的兴趣。尽管公式要复杂得多，人们通常仍然认为它是一种解的"加法"形式，因为它是交换的，而符号"+"则满足传统的交换群理论。特别地，如果我们有一个解 (x,y)，它可以被看作是平面上的点 P，那么我们就可以得到解 $P+P$、$P+P+P$，等等。它们很自然地被记为 $2P$、$3P$，等等。

1985 年，尼尔·科布利茨和维克托·米勒分别意识到可以用椭圆曲线上的群定律来构造密码。这个想法被用于某些有限域，其中包含了大量的元素。为了加密 P，我们用某个非常大的整数 k 计算出 kP（这对计算机而言很简单），记作 Q。想要逆转这个过程，我们就要由 Q 得到 P，即除以 k。因为群公式的复杂性，这个反向计算非常困难，所以可以发明新型的陷门函数，进而得到一种公钥密码系统。它被称为椭圆曲线密码学，简称 ECC。就像 RSA 可以由许多不同的质数实现，ECC 也可以在许多不同的有限域上选取不同的 P 和因子 k，通过许多不同的椭圆曲线得以实现。同样，它有一个能够快速解密的密钥。

这样做的好处是，较小的群也可以产生一种密码，其安全性和基于大得多的质数的 RSA 密码一样。因此，椭圆曲线密码更有效。将消息变成密码，并在知道密钥的情况下对其解码会更快、更简单。如果不知道密码，破解密码也同样困难。2005 年，美国国家安全局建议，公钥密码学的研究应该转向椭圆曲线这一新领域。

和 RSA 系统一样，没有严格的证据能证明 ECC 是安全的。其可能的攻击面与 RSA 类似。

时下，人们热衷于加密货币，它是一种不受传统银行控制的货币系统。不过银行对加密货币也开始感兴趣了（它们总是对新的赚钱方式保持警惕）。最著名的加密货币是比特币。比特币的安全性是由一种叫作区块链的技术来保证的，区块链是一种加密记录，它记载了涉及该"币"的所有交易。新的比特币由"挖矿"产生,它本质上意味着执行大量毫无意义的计算。比特币挖矿消耗了大量的电力,除了让少数人致富,它没有任何用处。在冰岛,由于利用地下蒸汽的热能发电,电力非常便宜,而比特币挖矿使用的电力比冰岛所有家庭用电之和还要多。很难看出这种举止是怎么参与对抗全球变暖和气候危机的,但也没办法。

比特币和许多其他加密货币都使用一种特殊的椭圆曲线,它有一个好记的名字——secp256k1。该椭圆曲线的方程 $y^2=x^3+7$ 更吸引人,这似乎是选取它的主要原因。通过 secp256k1 进行加密的,是基于给定的曲线上的点

$x=550662630222773436695787188951685343262506034537775941755001873603891116729240$

$y=32670510020758816978083085130507043184471273380659243924327593890433575733748 2424$

它说明 ECC 在实际实现中,会涉及非常大的整数。

*

我已经说过好几次,RSA 系统的安全性依赖于一个

未经证实的假设，即质因数分解是困难的。即使这是对的（很有可能确实如此），也可能有其他破坏密码安全性的方法，所有经典的公钥加密体系皆是如此。一种可能使之发生的情况是：如果有人发明了一种比现有任何计算机都快得多的计算机。今天，这种新型的安全威胁正越来越近，它就是量子计算机。

经典物理系统有特定的状态。桌上的硬币不是正面就是反面。开关要么开着，要么关着。计算机内存中的二进制数（或"比特"）不是0就是1。但量子系统不是这样的。量子对象是一种波，波可以相互堆积，在技术上这叫"叠加"。叠加状态是各分量状态的混合。著名的（实际上是声名狼藉的）"薛定谔的猫"就是一个生动的例子：用一个放射性原子、一瓶毒气，再加上一个密不透风的盒子和一只猫，经过一番强词夺理后，这只不幸的动物的量子态可以是"生"与"死"的叠加。一只"经典"的猫必定是在"生"或"死"中占其一，但"量子"猫可以同时既"生"又"死"。

直到你打开盒子。

然后猫的波函数"坍缩"到只有一种经典状态。它要么还活着，要么已经死了。真是好奇心（打开盒子）害死猫，当然它也可能没被害死。

我不想卷入这种时而激烈的争议，去讨论对猫而言量子态是否仍然有效。[5] 这里关注的是，数学上的物理对更简单的对象非常好用，它已经能用来制造初级的量子计算机了。人们已经用同时是 0 和 1 的量子比特替代了不是 0 就是 1 的普通比特。一台经典的计算机（就像你和我放在桌上、包内，甚至口袋里的那种）是用 0 和 1 的序列来处理信息的。现在的计算机电路尺度太小了，它实际上是用量子效应实现的，但最终的计算指令符合经典物理学原理。制造经典计算机的工程师们很努力地确保 0 是 0、1 是 1，它们永远不会混在一起。经典的猫不是活着就是死了。因此，一个 8 位寄存器可以存储类似 01101101 或 10000110 这样的单个序列。

　　在量子计算机中，情况正好相反。一个 8 量子位寄存器可以同时存储上述 2 种序列以及其他 254 种 8 位序列。此外，它还能同时对所有 256 种可能性进行求和。这就像有 256 台计算机，而不是只有 1 台。序列越长，可能性的数量就越发激增。一个 100 位寄存器可以存储一个 100 位的单一序列。一个 100 量子位寄存器可以存储和操作所有 10^{30} 种可能的 100 位序列。这是超大规模的"并行处理"，也是很多人对量子计算机感到兴奋的原因。你可以同时做 10^{30} 次计算，而不是一次一算。

理论上是这样的。

20世纪80年代，保罗·贝尼奥夫提出了图灵机的量子模型，它是经典计算的理论公式。不久之后，物理学家理查德·费曼和数学家尤里·马宁指出，量子计算机或许能够并行地执行大量计算。1994年，彼得·肖尔在理论方面取得重大突破，他发明了一种非常快速的量子算法用来对大数做质因数分解。这说明RSA密码系统可能容易受到用量子计算机的敌人的攻击，但更重要的是，它也表明量子算法在处理普通而又实用的问题上优于经典算法。

实际上，制造一台实用的量子计算机是非常困难的。来自外界的微小扰动，或者仅仅是我们称之为"热量"的分子振动，都会导致一个叠加态"退相干"，也就是非常快地崩溃。为了缓解这个问题，计算机必须被冷却到非常接近绝对零度（-273℃）的温度，这需要用到氦-3，它是一种很罕见的核反应副产品。即便如此也不能防止退相干的发生，这只能减慢退相干的速度。因此，每一次计算都必须附带一个纠错系统，它可以发现来自外部的干扰，并将量子比特状态重置。量子阈值定理告诉我们，只要这种技术纠正错误的速度比退相干导致的错误速度更快，那么它就是可行的。大致估算下来，每个逻辑门的错误率不能大于千分之一。

纠错也会造成损失：它需要更多的量子比特。例如，用肖尔的算法分解一个可以存储在 n 个量子位中的数，计算运行的时间大约介于 n 到 n^2 之间。如果需要纠错（这在实践中必不可少），那么运行时间就有可能变成 n^3。对一个 1000 量子位的数而言，纠错将使运行时间放大 1000 倍。

直到最近，人们还没能造出超过几个量子位的量子计算机。1998 年，乔纳森·A.琼斯和米歇尔·莫斯卡用一台 2 量子位的设备解决了多伊奇问题。该问题源于戴维·多伊奇和理查德·约饶在 1992 年的研究。这种量子算法的速度相较于传统算法呈指数级增长，它总是能给出正确答案。它解决的问题是：假设有一台能预测未来的设备，它能实现一些布尔函数，将一串 n 位比特串转换成 0 或 1。在数学上，能预测未来的就是这个函数。我们还知道，该布尔函数的值要么是处处为 0，要么是处处为 1，或者恰好一半是 0、一半是 1。问题是将函数应用于比特串并观察结果，从而确定发生的是三种情况中的哪一种。多伊奇问题是人为构造的，它更多地用于概念验证而非实际使用。它的好处是提出了一个特定问题，在这个问题上，量子算法被证明优于所有传统算法。从技术上讲，它证明了 EQP 类（在量子计算机上的精确多项式时间的解）和 P 类（在传统计算机上的精确多项式时间的解）的复杂度是不一样的。

1998 年诞生了 3 量子位计算机；2000 年出现了 5 量子位和 7 量子位计算机。2001 年，利芬·范德思朋和他的同事[6]实现了肖尔的算法，找到了整数 15 的质因数。他们在一个特别合成的分子中用 7 个自旋 1/2 的原子核作为量子比特，这些量子比特可以由室温液态核磁共振技术操纵。我们大多数人可以心算 15 的质因数，但这个概念验证很重要。到 2006 年，研究人员已经实现了 12 量子位，而在 2007 年，一家名叫 D-Wave 的公司宣称实现了 28 量子位。

*

在此期间，研究人员大大地延长了量子态在退相干前所持续的时间。2008 年，一个量子比特可以在原子核中存储超过一秒钟。到 2015 年，它的寿命变成了 6 个小时。比较这些时间是困难的，因为不同的设备采用了不同的量子方法，但这些进步足以令人印象深刻。2011 年，D-Wave 宣布制造出了一台商用量子计算机——D-Wave

一号，它拥有一个128量子位处理器。到2015年，D-Wave声称已经突破了1000量子位。

最初，人们对D-Wave的结果表示怀疑。该设备的架构很不寻常，有些人质疑它能否算是一台真正的量子计算机，而不是一台花哨的经典计算机——只不过用到了一些量子设备。在测试中，它在某些有用的任务上的表现比现有计算机更好，但它是专门为这些任务而设计的，与之做比较的经典计算机则不是。当经典计算机也特意被设计成计算这类任务时，它的优势似乎消失了。人们仍为此争论不休，但D-Wave的设备已投入使用且运行良好。

这项研究的一个关键目标是量子霸权：制造一种量子设备，至少在一项计算工作方面优于最好的经典计算机。2019年，谷歌AI的一个团队在《自然》杂志上发表了论文《使用可编程超导处理器的量子霸权》。[7]他们宣布已经建造了一款名为Sycamore的量子处理器，它有54个量子比特，但由于其中的一个失效，于是总数下降为53个。他们用它在200秒内解决了一台普通计算机需要耗费1万年解决的问题。

这一主张旋即遭到质疑，理由有二。第一，经典计算机或许也能在更短的时间内完成计算。第二，Sycamore解决的问题是刻意为之的，它采样一个伪随机量子电路的输出。电路设计所连接的原件是随机的，其目的是算出输出样本的概率分布。某些结果的可能性更大，所以这个分布非常复杂且不均匀。经典计算随量子比特数量呈指数增长。尽管如此，该团队成功地实现了他们的主要目标：证明制造出在某些方面可以打败经典计算机的量子计算机在实践中是没有问题的。

人们的脑海里马上会闪现这样一个问题：如何才能知道这个答案是正确的？我们不可能等上一万年让经典计算机完成求解，更不可能不做检查就相信结果。该团队使用了一种名叫交叉熵基准的方法来解决这个问题，该方法将特定比特串的概率与经典计算机计算出的理论

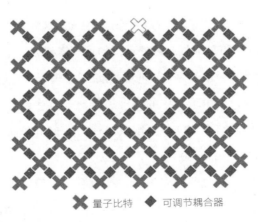

✖ 量子比特　◆ 可调节耦合器

量子处理器的架构

结果进行比较。这是一种度量结果正确的可能性的方法。结果表明，其精确度在 0.2% 以内的概率非常高（"5-西格玛"）。

尽管取得了这些进展，大多数专家仍然认为，实用的量子计算机还有很长的路要走。有些人依然不相信它能够被实现。物理学家米哈伊尔·季亚科诺夫写道：

> 描绘一台有用的量子计算机在任何给定时刻的状态所需要的连续参数的数量或许是……大约 10^{300} 个。我们能不能控制超过 10^{300} 个连续可变的参数来定义这样一个系统的量子态呢？我的答案很简单：不行，永远不可能。

*

季亚科诺夫可能是对的，但别人不赞成。无论如何，仅仅是有人——或许是一个由政府或大公司资助的大型研究团队——能造出量子计算机的可能性就足以给许多国家的安全服务和金融行业带来噩梦。敌军可能会破解军事信息，犯罪分子可能会摧毁电子商务和银行。因此，理论家把注意力投向了后量子世界的密码学，他们试图在这场竞争中领先，从而恢复通信的安全性。

好消息是，量子计算机所打破的东西也可以变得坚不可摧。这就需要新的密码方法——利用量子计算创造出连它自己都无法破解的新密码。这需要用到一种思考基础数学的新方式。它有一个有趣的特点，即其中的大部分仍会用到数论，尽管它们比费马的更现代。

量子计算机即将问世的传闻，引发了一波设计无法被量子计算机破解的加密方法的研究浪潮。最近，美国国家标准技术研究院（NIST）启动了一项后量子密码学计划，旨在识别出有风险的经典密码系统，并找到应对其脆弱性的新方法。2003年，约翰·普罗斯和克里斯托夫·扎尔卡[8]估算了在运行肖尔算法的量子计算机中，RSA系统和椭圆曲线密码的脆弱性。2017年，马丁·罗特勒和同事[9]修正了他们的研究结果。他们证明，对于有限域上的椭圆曲线，如果其元素数量 q 大致为 2^n，那么对于具有 $9n+2\log_2 n+10$ 量子位，以及电路的托弗利门不大于 $448n^3\log_2 n+4090n^3$ 的量子计算机而言，RSA很容易遭受攻击。托弗利门是一种特殊的逻辑电路，它可以用来构造电路从而实现任何逻辑功能。此外，它也是可逆的，即可以从输出逆向推导输入。目前，RSA的标准是2048位，它大约是一个616位的十进制数。该团队估计，对 $n=256$ 的量子计算机而言，2048位RSA是很脆弱的，而要让椭圆曲线加密变得脆弱，则需要 $n=384$ 的量子计算机。

识别脆弱性固然很好，但最大的问题仍是如何防范。这需要全新的密码方法。用到的基本思想始终不变：将加密方法建立在一些困难但又包含某些简便后门的数学问题上。但现在"困难"的意思是"对量子计算机来说很困难"。目前，这种问题主要有四类：

- 随机线性纠错编码
- 求解大型有限域上的非线性方程组
- 寻找高维晶格中的短向量
- 寻找随机图中的随机顶点之间的路径

让我们快速过一遍第四类问题，它涉及一些最新的概念和非常高级的数学。

从实用性出发，我们研究一个大约有 10^{75} 个顶点以及类似数量的边的图。编码依赖于在图上的两个特定顶点之间找到路径。这是一种 TSP，是相对困难的。若要创建一个后门，图就必须有一些隐含的结构，这样才容易求解。这里的核心思想有一个很巧妙的名字——超奇异同源图（SIG）。它们是用一种特殊性质的椭圆曲线定义的，这种性质叫作"超奇异性"。图的顶点对应于包含 p 个元素的有限域代数闭包上的所有超奇异椭圆曲线，这样的曲线大约有 $p/12$ 条。

两个椭圆曲线之间的同源关系来自一个保留了莫德尔—魏尔群结构的多项式映射。我们用同源性来定义图的边。为此，再取一个质数 q。这个图的边对应于该条边的两端所对应的两条椭圆曲线之间的 q 度同源，每个顶点恰好有 $q+1$ 条边。这些图是"膨胀"图，它意味着从任意顶点出发的随机漫步会随着漫步进程迅速发散，至少有大量的步伐是这样。

一幅膨胀图可以用来创建哈希函数，它是一种布尔函数，可以将 n 位字符串转换成 m 位字符串，其中 m 远小于 n。艾丽斯可以使用哈希函数来说服鲍勃，她知道某些鲍勃也知道特殊的 n 位字符串，同时还不泄露这个 n 位字符串。也就是说，她将那个字符串转换成一个短得多的哈希值，然后把它发送给鲍勃。鲍勃用哈希函数计算字符串，并对结果进行比较。

要保证这种方法是安全的，需要满足两个条件。一个是被称为原像计算困难的陷门条件，即在计算上，不可能求哈希函数的反函数并通过哈希值计算出原字符串。满足这一点的通常有很多，但关键是在实践中找不到案例。哈希函数的另一个要求是抗碰撞，这意味着无法通过计算找到两个有相同 m 位哈希值的不同 n 位字符串。也就是说，如果伊芙偷听了对话，艾丽斯发送的哈希值并不能帮她算出原来的 n 位字符串。

给定两个质数 p 和 q，加上一些额外的技术条件，我们可以通过构造对应的 SIG 来运用这个思想，并用它的膨胀性来定义一个原像计算困难且抗碰撞的哈希函数。可以利用它创建高度安全的密码。破解这样的密码需要计算大量椭圆曲线之间的同源性。用量子算法完成这样的计算需要的时间是 $p^{\frac{1}{4}}$。当 p 和 q 足够大（数学会说明它们有多大）时，你就有了一个连量子计算机都无法破解的密码系统。

所有这些都有很强的技术性，我不指望你能了解细节。首先，大部分内容我都还没说，但我希望你能明白，我们需要的可能正是那些非常高阶和抽象的数学——有限域的代数几何。我们得以用它来保护个人、商业和军事通信，使其免受窃听，这些窃听目前虽然只是假想，但可能很快就会通过量子计算机成为现实。

哈代所钟爱的数论比他想象的有用得多，但它在今天的某些应用可能会让他失望，或许我们也应该向他辩解一番。

06
数平面

神圣的精神在分析的疑惑中找到了伟大的方法，它是理想世界中的异物，既存在又不存在，我们称之为负单位元素的虚根。

——戈特弗里德·威廉·莱布尼茨，

《博学学报》，1702 年

我们目前正处于第二次量子革命。第一次量子革命给了我们掌控物理实在的新定律，第二次量子革命让我们利用这些定律开发新技术。

——乔纳森·道林和杰勒德·米尔本，

《英国皇家学会哲学学报》，2003 年

最近几个月，在考文垂我们住的地方有很多活动。路边到处都停着白色的货车，时而还有装满铁铲和手推车的卡车。小型挖掘机沿着轨道在街上跑来跑去，它们沿着人行道、穿过道路、经过花园，挖出一条条沟壑，新铺的柏油路面就像狗一般大的蜗牛留下的黏液一样，散布在地面上。身着高亮夹克的男子露面了，他显然刚刚在打开盖子的窨井里。一卷卷电缆盘在旁边，靠在树篱上，等着被拉进检修口。迷茫的工程师坐在雨中的遮阳篷下，摆弄着大金属盒子里成千上万条由色彩编码的电线。

在货车的侧面，有一条告示说明了这一切：超高速光纤宽带已经覆盖你所住区域。

在英国的城市中心，很多年前就装上了这种现代通信设备。但我们的房子在比较偏远的地方，曾经有一家公司拒绝来访，因为它太远了——总共有 4 英里。确实，这里离城市的边界只有几百码远。铺设电缆的成本比较高，而人口密度比较低，因为边界上的土地主要是农民的农田。从边际成本的角度看，在这里铺设电缆实属不易，我们这里一直都不太吸引人。不过最后，在政府对电信公司施压后，人们开始全力推动将光纤连接到所有城市和大多数农村地区。不再需要眼睁睁看着人口最密集的地区不断升级到更快的服务（因为这些地区更有利可图），英国的其他地区终于也赶上来了，或者至少不会越来越落后了。

在这个几乎所有活动都与互联网相关的时代，高速宽带已从奢侈品变成必需品。它的重要程度或许不如水和电，但至少和电话一样。先进的电子技术推动了计算机革命和高速的全球通信，这使得21世纪20年代与20世纪90年代成了两个截然不同的世界。这才刚刚开始，供应的增加导致需求的爆炸式增长。以铜为主料的电话线以及用电话进行沟通的方式正在迅速消失——那些也只是在近些年才起作用的，因为巧妙的电子和数学技巧提高了容量。如今，通信电缆传输的数据远比通话传输的多。这就是光纤脱颖而出的原因。

不出几十年，光纤就会像马车一样过时。未来的技术进步正在酝酿之中，这种技术能够以惊人的速度传输大量数据，人们已经具备其中的某些技术。经典电磁学仍然是基础，但电子工程师越来越多地转向奇异的量子世界，以建造下一代通信设备。所有这些发展都依赖于经典物理学和量子力学，而它们所仰仗的，是一种有史以来最奇特的数学发明之一。它可以追溯到古希腊，在意大利文艺复兴时期摇摇晃晃地站住了脚跟，然后在19世纪全面开花并迅速占领了大部分数学领域。早在人们真正了解它之前，它就已经被广泛使用。

我称其为发明而不是发现，是因为它的灵感不是从自然界中获得的。如果它"在那里"等着被发现，那么"那里"就是一个非常奇怪的地方，那里是人类想象的世界，是逻辑和结构的产物。它是一种新的数，也正因为太新了，所以它被称为"虚数"。这个名字至今仍在使用，尽管我们的生活越来越依赖于虚数，但对大多数人来说，虚数仍然是完全陌生的。

你们应该听说过数轴。

那就让我们来认识一下数平面。

*

要了解这个奇怪的东西为什么会出现，以及它是怎么发展的，就必须先了解传统的数的类型。数是如此普通，我们对它们又是如此熟悉，以至于很容易低估它们的微妙之处。我们知道 2 加 2 等于 4，5 乘以 6 等于 30。但是"2""4""5""6""30"都是什么呢？它们不是单词，因为不同的语言会用不同的单词表示相同的数；它们不是符号 2、4、5、6、30，因为不同的文化采用不一样的符号。在计算机使用的二进制记数法中，这些数分别用 10、

100、101、110 和 11110 表示。那么，这些符号是什么呢？

当数被看作是对大自然的直接描述时，一切就简单多了。如果你有 10 只羊，数 10 表示你有多少只羊。如果你卖掉 4 只，那么还剩下 6 只。数基本上是一种计算工具。但当数学家开始以更深刻的方式运用数时，这种实用主义观点就变得不那么可靠了。如果不知道数是什么，怎么能保证计算永远不会互相矛盾呢？如果一个农民计数同一群羊两次，她会得到相同的结果吗？说到这里，我们所谓的"计数"到底是什么意思呢？

到 19 世纪，这类吹毛求疵的问题达到顶峰，因为数学家把数的概念扩大了好几次。每一次新的扩大，都融合了之前的内容，但与现实的联系也变得越来越不那么直接。首先出现在现场的是"自然数""整数"或"可数数"1、2、3……接着出现的是 1/2、2/3、3/4 这样的分数。在某个时刻，"0"出现了。在那之前，它们与现实的对应关系是非常直接的：这里拿 2 个橙子，那里再拿 3 个橙子，数一数，确认总共有 5 个橙子。用一把菜刀，可以切出半个橙子。0 个橙子是什么？它不过是一只空手。

即使在这里，也有一些麻烦。半个橙子并不能算"几个"橙子。它根本不是一个橙子，只是一个橙子的一部分。把橙子切成两半的方法有很多，而且它们看起来都不太一样。如果我们以最直接的方式把绳子剪开，而不是愚蠢地纵向分开，那么用绳长就会更方便一些。现在一切又变简单了。如果某段绳子是另一根的一半，那么将两段前者首尾相连得到的长度，与后者相同。分数最适合度量东西。古希腊人发现度量比符号数字更容易处理，所以欧几里得改变了思路。他没有用数度量线的长度，而是用线来表示数。

接下来是负数，它们比较棘手，因为我们不可能给别人 -4 个橙子。用钱讨论会更容易一些，因为负数可以被认为是债务。在 200 年左右的中国就已经认识到了这一切，已知最早的论述是《九章算术》，但这一思想无疑出现得还要更早。当数与度量联系在一起时，附属的其他解释也就自然而然地出现了。例如，负温度可以解释为零度以下的温度，而正温度则在零度以上。在某些情况下，一个正的度量值位于某个点的右侧，而一个负的度量值位于点的左侧，以此类推。正和负是相互对立的。

如今，数学家对不同类型的数系之间的区别小题大做，但对于普通使用者来说，它们都是同一个主题——数——的变体。我们很乐意遵循这个相当幼稚的惯例，因为相同的算术规则在所有这些数系中都适用，也因为每一种新型的数都只是扩展了旧数系，但并不改变我们已知的。扩大数的概念的好处在于，每一次扩大都会让之前不可以的"计算"成为可能。对于整数，2 不能除以 3，但在分数里可以。对于自然数，3 不能减去 5，但在负数里可以。所有这些都让数学变得更简单，因为不用再担心某些算术运算是否被允许。

*

分数可以按照我们的意愿把东西分割得很好。我们可以把米分为千分之一大小的毫米，百万分之一大小的微米，甚至是十亿分之一大小的纳米，等等。早在 0 用完之前，这些名称就已耗尽。在实际应用中，度量总会有细小的误差，所以只需要分数。事实上，我们可以只用分母为以 10 为底的幂的分数——所有电子计算器都是如此。但是出于重要的理论目的，也为了保持数学的规整，分数被证明是不够用的。

古希腊的毕达哥拉斯学派相信万物皆数，这种观点在前沿物理学中仍然很流行，不过如今的含义更复杂。他们理解的数只有整数和正分数，所以当某位成员发现正方形对角线的长度不是其边长的精确分数时，他们的核心信仰遭到了打击。这个发现导致了所谓的"无理数"

出现，在正方形的例子里，它是 2 的平方根。自公元前 4
世纪的中国到 1585 年的西蒙·斯泰芬，在这段复杂的发
展历史中，这些数被表示为小数：

$$\sqrt{2} = 1.4142135623730950 48\cdots$$

因为这个数是无理数，它一定是无限的，不会以 0 结尾。
它也不会无限重复相同的数字块，就像 1/3 那样，它的小
数形式是 0.3333333…。这是一个"无限小数"，我们永
远不能把它全部写下来，但在概念上我们可以使其成为
可能，因为原则上想写多少就能写多少。

　　尽管过程是无限的，无限小数具有令人非常愉快的数
学性质，特别是它们为诸如 $\sqrt{2}$ 这样的几何长度提供了精
确表示，否则这些长度根本没有数值。后来，无限小数
被称为"实数"，因为它们是长度、面积、体积或重量等
（理想化）实体的度量值。一连串数码分别代表着某个以
10 为底的基本粒度的倍数。我们可以想象这个无限的过
程，越往下就分得越细；它使我们能够以任意高的精度
表示相关的数。真实的物理在原子层面并非如此，空间
本身可能也不是这样，但实数在很多方面都能很好地代
表现实。

*

在历史上，新型的数在首次提出时一般都会遇到阻力。随着效用日益明显，用途也越来越明确，人们会慢慢接受它们。通过一代人，大多数阻力会消失——如果你从小就经常用某样东西，那它似乎就是非常自然的。哲学家可以争辩0是不是一个数，虽然他们现在仍然在争论，但普通百姓在需要时使用它，不会再去想它是什么。即使是数学家也是这样，尽管他们偶尔会有罪恶感。不过，用到的术语仍然道破天机：新的数是负（面）的、无理的。

然而对数学家而言，也有一些令人头痛的创新，而且这头一痛就是几个世纪。真正闹得鸡犬不宁的，是所谓的"虚数"的引入。甚至连它的名字（仅仅出于历史原因，它仍在使用）都在表示着某种程度的困惑，它暗示着这些数的名声在某种程度上不太好。这一回，根本问题还是源自平方根。

一旦我们把数系扩大到无限的十进制数，每个正数就都有一个平方根。事实上，平方根会有两个，一个正的，一个负的。例如，25有两个平方根，+5和 −5。这个奇怪的事实是由"负负得正"规则导致的，该规则时常让人们在第一次遇到它时感到困惑。某些人从来不认可它。

然而，这只不过是"负数应该遵循和正数一样的算术规则"这一原则的简单推论。这听起来很合理，但也意味着负数没有平方根。例如，-25 没有平方根。这看起来不太公平，因为它的表亲 +25 有两个根。所以数学家推导了一个数的新领域，在这个领域里负数可以有平方根。他们也心照不宣地认为，在这个扩展的领域里，算术和代数常规规则仍然适用。显然，我们只需要一个全新的数，即 -1 的平方根。如今，除了工程师（他们用 j），人们都用符号 i 来表示这一新奇的事物，它的主要性质是：

$$i^2 = -1$$

这下公平了，不管正负，每一个数都有两个平方根。[1] 除了 0，因为 -0=+0，但 0 通常算是例外，所以没人担心。[2]

负数有平方根或许很合理的想法可以追溯到古希腊亚历山大港的数学家兼工程师赫伦，但人们第一次了解其中含义则要到 1500 年后文艺复兴时期的意大利。1545 年，吉罗拉莫·卡尔达诺在他的《大术》（*Ars Magna*，最早的代数著作之一）中提到了这种可能性，但他认为这种想法毫无意义。1572 年，事情有了重大突破，意大利代数家拉斐尔·邦贝利写出了假设中的 -1 的平方根的计算规则，并通过公式求得三次方程的实数解，该公式将两个不可能真实存在的"数"相加。那些不可能的部分很容易互相抵消，最终得到了正确的"实"数解。这个大胆而神秘的技巧让数学家刮目相看，因为可以直接检验这些解，而且结果是正确的。

为了便于接受，新的数被称为"虚"数，与传统的可以用来测量真实物体的"实"数相对应。这个术语给了实数以一种不恰当的特殊地位，它混淆了数学概念和标准用法。我们会发现，虚数具有非常合理的用途和解释，只是不能度量长度或质量等标准物理量。邦贝利是第一个证明虚构数——不管它有多么让人费解——可以用来解决完全真实的问题的人。这就好像某件古怪的木工工具，虽然它不存在，但可以以某种方式把它拿起来，并且用它做出一把完全正常的椅子。当然，这是一种概念性的工具。但即便如此，整个过程还是令人困惑。更令人不解的是，有证据表明这种方法是有效的。

人们奇迹般继续用它，而它的应用范围也不断扩大。到了18世纪，数学家开始自如地使用这种新的数。1777年，欧拉引入了标准符号 i 来表示 −1 的平方根。随着实数和虚数的结合，一个美丽的、自相容的系统诞生了，它被称为复数——复数的意思是"由几个部分复合而成"，它并不是"复杂"的意思。在代数上，它们

形如 $a + bi$，其中 a 和 b 都是实数。可以对它们做加、减、乘、除、开平方根、开立方根等操作，得到的结果仍然属于复数系。

复数的主要缺陷在于，它们很难在现实世界中找到一个解释，至少当时的人都是这么认为的。我们并不清楚诸如 3+2i 这样的数在度量什么。在数学家还没有发现用复数来解决数学物理问题的方法时，类似于复数合法性之类的争论一直很激烈。由于得到的答案都能用别的方法验证，而且似乎总是对的，为了争相利用这些强大的新技术，这场辩论被搁置了。

*

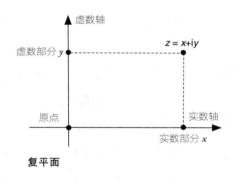

复平面

长久以来，数学家试图用一种笼统而又模糊的"永恒原则"来证明虚数的合理性，其大意是，宣称所有在实数范围有效的代数规则也必须对复数适用。这是一种希望战胜逻辑的主张，它的主要根据是，在实践中运用复数会得到正确答案。简而言之，它们管用是因为它们管用，而根据就是……它们管用。

直到很久以后，数学家才弄清楚如何表示复数。事实上，就像负数一样，它们有几种不同的"现实"解释。我们很快就会看到，在电气工程中，复数将振荡信号的振幅（可达到的最大值）和它的相位简单而又方便地打包在一起。在量子力学中也是如此。更简单地说，这就像实数模型是线上的一个点，复数模型则是平面上的一个点。就这么简单。而且，与许多其他简单的概念一样，它被人们忽略了长达几个世纪。

这一突破的发端可以从约翰·沃利斯于 1685 年所著的《代数》中找到，他把实数的直线表示法推广到复数。假设复数为 $a+b\mathrm{i}$，它的实部 a 是一个标准的实数，所以我们可以把它放在常规的实数轴上，也就是平面上的某条固定直线上。剩下的分量 $b\mathrm{i}$ 是虚数，所以它和这条直线上的任意点都不匹配。但是它的系数 b 是实数，所以可以在这个平面上画一条长度为 b 并且与实数轴成直角的线。由此得到的平面上的点表示 $a+b\mathrm{i}$。如今，我们马上就会发现，这个数代表平面上坐标为 (a, b) 的点，但在那个时候，沃利斯的这个想法没有得到认可。历史上，人们通常认为这一荣誉属于让 - 罗贝尔·阿尔冈，他在 1806 年将这一结论公之于众，但其实早在 1797 年，丹麦有一位名叫卡斯帕·韦塞尔的不知名测量员就已经发表过该结论。不过，韦塞尔的论文是丹麦文，直到一个世纪后被翻译成法语才被人们发现。他们都给出了欧几里得式的几何结构，并展示了如何将任意两个复数相加或相乘。

最终，爱尔兰数学家威廉·罗恩·哈密顿在 1837 年明确指出，可以用一对实数，即平面上某一点的坐标，来表示复数：

复数 =（第一个实数，第二个实数）

接着，他把这些几何结构改写成两个公式，用于这些数对的相加和相乘。它们既简单又优雅，如下所示：

$$(a, b) + (c, d) = (a+c, b+d)$$
$$(a, b) \cdot (c, d) = (ac-bd, ad+bc)$$

这看起来似乎有点神秘，但总结得非常到位。形如 $(a, 0)$ 的数就和实数一样，而神秘的 i 则是 $(0,1)$——这就是沃

利斯的观点，虚数和实数在坐标上成直角。哈密顿公式告诉我们

$$i^2=(0,1) \cdot (0,1)=(-1,0)$$

在这里，我们已经把它和实数 -1 等同，结果相当完美。和前面一样，人们后来才发现高斯在 1831 年写给沃尔夫冈·博尧伊的信中就曾提到这个观点，但没有公开。

高斯可能并没有彻底理解，这两个公式证明了复数遵循所有代数规则，而这些规则以前只适用于实数，但哈密顿对此理解无误。交换律 $xy=yx$ 和结合律 $(xy)z=x(yz)$ 是我们刚开始学习代数时就认为理所当然的。为了证明它们也适用于复数，我们用实数对代替符号对，通过哈密顿公式，用实数所遵循的代数规则检查两边给出的结果是否相同。这简直是小菜一碟。具有讽刺意味的是，当高斯和哈密顿用普通的"实数"对归纳出其中隐含的逻辑时，数学家早已用了太多的复数，以至于他们几乎对赋予复数以特定的逻辑意义毫无兴趣。

在这些用途中，最重要的是物理问题，如电磁场、重力和流体流动。值得注意的是，复分析（复变函数微积分）里的某些基本方程与数学物理的标准方程是完全一致的。所以你可以用复数的微积分来求解物理方程。主要的限

制在于复数是在平面上的，所以物理过程也必须发生在某个平面上，或者等价成某一个发生在平面上的问题。

*

复数为平面提供了一个系统的代数结构，它非常适合几何研究，因此也适合运动研究。你可以把本章的剩余部分看作是对三维几何（这将是下一章的主题）中类似问题的二维预演。这里会涉及一些公式——毕竟这算是代数，因为我不知道如何在不用这些公式的情况下，把事情讲清楚。

当我们用实数 x 和 y 表示复数 z 为 $z=x+\mathrm{i}y$ 时，采用的几何坐标系是笛卡尔坐标系，它以勒内·笛卡尔的名字命名，两根数轴彼此成直角——实部 x（横轴）和虚部 y（纵轴）。然而，在这个平面上还可以表示另一种重要的坐标系，即极坐标，它以一对数 (r, A) 表示一个点，其中 r 是正实数，A 是一个角度。这两种坐标系关系密切：r 是原点 0 到 z 的距离，A 是实轴和原点到 z 的直线之间的夹角。

笛卡尔坐标是描述没有旋转的物体运动的理想坐标。如果某个点 $x+\mathrm{i}y$ 水平移动 a 个单位，垂直移动 b 个单位，

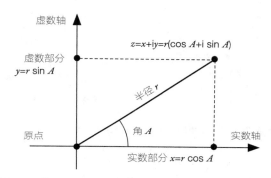

复平面的笛卡尔坐标系和极坐标系。这里 cos 和 sin 是三角函数里的余弦函数和正弦函数（图里实际已经定义了这些函数）

那么它就到了 $(x+iy) + (a+ib)$。如果我们把这个概念从某对 x 和 y 的值推广到某个点集，那么如果给集合中的每个点加一个固定的复数 $a+ib$，那么整个集合就水平移动了 a 个单位，垂直移动了 b 个单位。此外，这种运动是刚性的，即整个物体的运动没有改变形状和大小。

还有一种重要的刚性运动是旋转。同样，物体的形状和大小不会改变，但方向发生了改变，物体围绕某个中心点旋转了一些角度。这里的一个关键是，乘以 i 可以使点围绕原点旋转一个直角。这就是代表"虚部"y 的 y 轴与代表"实部"x 的 x 轴成直角的原因。（尽管名字叫虚部，但它是实数，只有当我们乘以 i 得到 iy 后，才会变成虚数。）

如果我们想让点集旋转一个直角，就得把集合里的

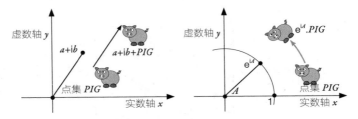

用复数平移（左）和旋转（右）点集 *PIG*

每一个点乘以 i。一般而言，根据三角函数知识，如果我们想要让点集旋转某个角度，那么就必须把它们都乘上某个复数

$$\cos A + i \sin A$$

欧拉发现，在这个表达式和复指数函数 e^x 之间有一个伟大而美妙的联系，这里的 e=2.71828…，是自然对数的底。我们可以定义复数 z 的指数函数 e^z，使其具有与实指数函数相同的基本性质，所以当 z 为实数时，它们完全一样。这种指数函数有

$$e^{iA} = \cos A + i \sin A$$

用微分方程可以很好地理解其原因，因为它有点过于专业，我把它放在了注释里。[3]

在复数的极坐标中，坐标表示点

$$r(\cos A + \mathrm{i}\sin A) = re^{\mathrm{i}A}$$

这个表达式既简单又紧凑。

在几何学中，复数的美妙之处在于它们同时具有两种自然坐标系——笛卡尔坐标和极坐标。在笛卡尔坐标中，平移物体的公式很简单，但在极坐标中很复杂。同样，在极坐标中，旋转物体的公式很简单，但在笛卡尔坐标中很复杂。用复数时，可以根据目的选择最适合的表示方式。

这些复代数的几何特征可以应用于二维计算机图形，但事实证明，因为平面很简单，计算机并不会介意复杂的公式，这样做的优势不明显。在第七章中，我们将看到在三维计算机图形学中，类似的技巧可以创造奇迹。然而，目前我们还要接着讨论一些真正有用的应用，来结束复数的故事。

*

数学家逐渐意识到，尽管没有明确的物理解释，复数往往比实数更简单，而且还阐释了一些在实数中令人费解的特征。例如，卡尔达诺和邦贝利曾发现，二次方程要么有 2 个实数解，要么没有；三次方程要么有 1 个实数解，要么有 3 个。复数解就简单得多，二次方程总是有 2 个复数解，三次方程总是有 3 个复数解。因此，十次方程有 10 个复数解，但它的实数解可能是 10 个、8 个、6 个、4 个、2 个，或者是无解。1799 年，高斯证明了保罗·罗思早在 1608 年就提出的猜想，即众所周知的代数基本定理：一个 n 次多项式方程有 n 个复数解。所有标准的分析函数（如指数函数、正弦函数、余弦函数等）都能很自然地推广到复数，当我们从复数角度研究这些函数时，它们的性质通常会变得更简单。

有一个很实用的结果就是，复数已经成为电子工程中的标准技术，这主要是因为复数可以简单、方便地处理交流电。电是一种电子流，而电子则是带电的亚原子粒子。在直流电（如由电池产生的电流）中，所有的电子都朝同一方向流动。由于更安全，交流电被广泛应用于电力系统,而交流电里的电子是来回运动的。交流电的电压(和电流）曲线就像是三角函数中的余弦曲线。

想象转轮边缘上的某一个点，可以用简单的方法画出余弦曲线。为简单起见，假设转轮的半径为 1。如果观察旋转点的水平投影，它会从一边移动到另一边，极值为 +1 和 -1。如果轮子以恒定的速度旋转，这个水平的距离

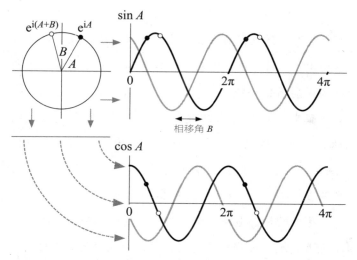

在复平面上的旋转可以得到周期振动。将角 B 加到角 A 上，使图形向左移动，即相移

就是一条余弦曲线，而垂直的距离则是一条正弦曲线（图中的实线）。

　　运动点的位置是实数对 $(\cos A, \sin A)$，其中 A 是点和横轴的夹角。用哈密顿的方法，我们可以把它当作复数 $\cos A + i \sin A$。随着 A 的变化，这个数在复平面上沿着单位圆一圈圈地运动着。如果我们用弧度来度量角度，当 A 从 0 增加到 2π 时，它就是一个完整的圆。然后当 A 从 2π 增加到 4π 时，它便又绕了一圈，以此类推，所以这个运动是以 2π 为周期的。

欧拉公式表明，当角 A 转动实数弧度时，对应的 e^{iA} 值便以恒定的速度在单位圆上一圈又一圈地转。这种关联给出了一种方法，可以把所有形如正弦曲线或余弦曲线的振动函数，变成一个复指数。从数学上讲，指数函数更简单，也更容易处理。另外，角 A 的自然物理解释是振荡的相位，即通过添加一个恒定的角 B 来改变角 A，使正弦曲线和余弦曲线平移相应的量（图中的灰色曲线）。

更妙的是，电路中电压和电流的基本微分方程可以毫无变化地扩展到相应的复方程。物理振荡变成复指数的实部，同样的方法在交流电和直流电中都适用。就好像在实际中有一个虚构的秘密伴侣，两者合起来比单独处理要简单得多。电子工程师通常用这种数学技巧来简化他们的计算，即使在用计算机计算的时候也是如此。

*

在这项与电子有关的应用中，复数就像从魔术师的帽子里取出的数学兔子，它正好让工程师的工作变得更简单。但是有一种值得注意的情况，在此情况下复数是绝对必要的，而且是有物理意义的。它就是量子力学。

维格纳曾把这个出人意料的有效例证作为他演讲的中心内容：

> 我们不要忘记，量子力学的希尔伯特空间是复希尔伯特空间……当然，对于头脑糊涂的人来说，复数既不自然又不简单，物理观察也发现不了。此外，在这种情况下，复数的使用不是应用数学里的计算技巧，而是在量子力学定律的表述中几乎必不可少的内容。

他还特意强调了"出人意料"的含义：

> 就我们的经验来看，没有什么东西可以引入这些量。事实上，如果有人要求数学家证明他对复数感兴趣，他会愤愤地道出方程、幂级数和解析函数理论中许多美丽的定理，都源于复数……我们难免会有这样的印象，即我们眼前出现了一个奇迹，它与自然法则的存在和人类预测它们的能力这两种奇迹相当。

量子力学诞生于 1900 年左右，用于解释实验物理学家在小尺度物质中发现的奇怪行为，它迅速发展成迄今为止人类发明的最成功的物理理论。在分子、原子、亚原子粒子（它们可以结合起来创造原子）层面上，物质以令人惊讶和困惑的方式运转着。如此令人惊讶和困惑，以至于人们根本不清楚"物质"这个词是否仍然适用。波（比如光）有时表现得像粒子，也就是光子；而粒子（例如电子）有时表现得像波。

这种波粒二象性最终是通过引入同时能控制波和粒子的数学方程解决的，尽管到现在仍有许多问题令人费解。在这个过程中，两者在数学中的表现方式犹如莎士比亚所言，发生了"翻天覆地的变化，成为丰富而奇特的东西"。在那之前，物理学家用一小串数来描述物质粒子的质量、大小、位置、速度、电荷等状态。在量子力学中，所有系统的状态都有波的特征；更准确地说，是波函数。顾名思义，这是一种和波有类似性质的数学函数。

函数是一种数学规则或过程，它将一个数以特定的方式转换为另一个数。推而广之，函数可以将一组数转换为另一个数，甚至是另一组数。更一般地说，函数不仅可以对数进行运算，还可以对任何类型的数学对象集合进行运算。例如，函数"面积"可以作用于所有三角形的集合，当你将它应用于任意给定的三角形时，函数的输出就是那个三角形的面积。

量子系统的波函数作用于我们对该系统进行的一系

列可能性的度量，比如它的位置或速度。在经典力学中，通常会有有限多个这样的数来决定整个系统的状态，但在量子力学中，这组数可能包含无限多个变量。它们是从所谓的希尔伯特空间中得到的，希尔伯特空间（通常）是一个无限维空间，它的任意两个元素之间的距离有一个定义良好的概念。[4] 在希尔伯特空间中，波函数为每个函数输出一个数，但是它输出的数不是实数，而是复数。

在经典力学中，一个可观测物（我们可以测量的量）通过某个数与系统的每一种可能状态联系在一起。例如，当我们观测地球到月球的距离时，我们会得到一个数，它是一个函数，定义了地球和月球大体上占据的全部可能的空间构型。在量子力学中，可观测物是算子。算子取希尔伯特状态空间中的一个元素，并将其转化为复数。算子必须遵循若干个数学规则。一个是线性：假设有两个状态 x 和 y，算子 L 对它们的输出是 $L(x)$ 和 $L(y)$。在量子理论中，状态可以叠加——把它们相加——得到 $x+y$。线性意味着算子 L 的输出必定是 $L(x)+L(y)$。所有需要满足的性质被称为厄米算符，它与希尔伯特空间中的距离很好地联系在一起。

物理学家以各种方式选择这些空间和算子来模拟特定的量子系统。如果他们对单个粒子的位置和动量状态感兴趣，希尔伯特空间由所有的平方可积函数组成，它是无限维的。如果他们对单个电子的自旋感兴趣，希尔伯特空间则是二维的，由所谓的"旋量"组成。对于薛定谔方程，如下式所示：

$$i\hbar \frac{\mathrm{d}}{\mathrm{d}t} |\Psi(t)\rangle = \hat{H}|(t)\rangle$$

你不需要理解其中的数学含义，但让我们看看用到的符号。特别是第一个，也就是 i，这个 -1 的平方根泄露了很多信息。这是量子力学的基本方程，而我们看到的第一个符号就是虚数 i。

下一个符号是 $\hbar$，叫作约化普朗克常数，它非常非常小，大约只有 10^{-34} 焦耳秒。这个数给定了量子力学的量子，它不但微小，而且在可以假设有不同数量的尺度下不连续地跳跃。接着是分数 $\mathrm{d}/\mathrm{d}t$。t 代表时间，d 则是求变化率，就像微积分一样，所以这是一个微分方程。符号组合 $|\Psi(t)\rangle$ 是波函数，它表示系统在 t 时刻的量子态，所以这就是我们想知道的变化率。最后的 $\hat{H}$ 是所谓的哈密顿函数，基本上代表能量。

通常对波函数的解释是，它不代表任何单独的状态，而是观测到系统处于某种状态的概率。然而，概率是 0 到 1 之间的实数，而波函数的输出是任意大小的复数。因此，物理学家关注复数的振幅（数学家称之为模量），也就是复数到原点的距离，即极坐标中的 r。他们认为这个数是一个相对概率，所以如果某个状态的振幅是 10，另一个是 20，那么第二个的概率是第一个的两倍。

模量告诉你一个复数离原点有多远，但它不会告诉你去往这个复数的方向。这个方向由另一个实数确定，它就是极坐标里的角 A。数学家称这个角为复数的辐角，但物理学家称其为相位——沿着单位圆需要走多远。因此，复波函数有一个振幅（它量化了观测发生的相对概率）和一个相位（它不会让振幅发生变换，而且几乎不可能被测量）。相位影响状态叠加的方式，因此也影响叠加状态发生的概率，但在实践中，并不能通过实验发现它们。

这一切意味着，只有实数是无法量化量子态的。你甚至不能用传统的实数来公式化量子力学。

*

如果问题是"复数有什么实际用途？"，那么我们就可以指出量子力学的无数应用，因为我们知道它们也一定是复数的应用。直到不久以前，大多数答案与实验室的实验有关，它们都是深入的前沿物理学，而不是人们在厨房或客厅里能发现的那种东西。现代电子学改变了这一切，许多我们喜欢的设备之所以能用，背后都有量子力学的功劳。工程师需要非常深入和细致地理解这些东西，但我们可以坐享其成。或者，我们有时因为在使用时遇到了一些含糊的技术问题而产生困惑，认为他们没有做出我们想要的东西而埋怨他们。

我新安装的光纤宽带就是一个很好的例子。光纤看起来像是传统的电缆，但它是依赖量子技术的传输系统的一部分。量子比特并不在电缆里，而是在沿途产生光脉冲的设备中，全套装置都依赖于此。当然，光其实是量子的，而这些设备是用量子力学设计的，没有量子力学就无法工作。

"光纤"指的是一种多股线缆，其中的每一股都是可以传输光线的细玻璃丝。它们的设计是为了让光线在玻璃丝里反射而不是散逸，所以可以把线缆弯成圆角，而光仍留在线缆里。信息在光束中被编码为一系列锐脉冲。电信业引入光纤是因为它结合了几大优势。现在可用的光纤是高度透明的，因此它们可以远距离传输光而保证信号不衰减。光脉冲可以比传统的铜电话线传输更多的信息。具有更高的带宽是提高"速度"的原因——不是脉冲的移动有多快，而是脉冲的数量有多少，有多少信息可以被塞进一根光纤或一根电缆。光纤比铜缆轻，因此更易于运输和安装，也不容易受电气干扰。

一组光通信系统由四个主要部分组成：发射器（光源）、传送信号的线缆、一系列中继器（在信号衰减得过于厉害之前把它接收下来，将其重整后再发送出去），以及接收器（探测器）。这里我只关注发射器。它必须是一个能产生和控制光的设备，使其以一系列单脉冲的形式出现，这些脉冲可以开（1）或关（0），从而将信息编码为二进制。开关切换必须非常迅速，同时还必须非常精确。特别是，光的波长（颜色）应该有一个特定的值。最后，脉冲还需要保持它们的形状，以便接收器能够把它们识别出来。

理想的（实际上也是唯一的）装置是激光器，它能发出某种特定波长的强束相干光。所谓"相干"，是指光束中的所有波都彼此一致，所以不会相互抵消。激光器通过在一对镜子之间来回反射光（以光子的形式）来实现这一点，从而在一个正反馈回路中触发不断增加的级联光子。当光束变得足够强时，它就可以逃脱。

最初的激光器又大又重，但今天，大多数轻型激光器的制造过程与制造计算机"芯片"（集成半导体电路）中的微电路的大体工艺一样。在过去的 30 年里，几乎所有消费级和企业级的激光器（如蓝光播放器，它是由产生蓝光的激光器制造的）都是分离约束异质结构型（SCH）激光器。这是一种量子阱激光器的改进，所谓量子阱激光器是一种夹层，其中间层充当量子阱。这使得波函数看起来像一系列台阶，而不是一条曲线，所以能级是量化的，它们清晰地分开，而不是模糊地合在一起。这些能级可以通过改变量子阱的设计来调整，最终为激光发射制造出适当频率的光。

SCH 激光器在夹层的顶部和底部又增加了两层，它们的折射率比中间三层低，将光限制在激光腔内。很显然，如果不大量地应用量子力学知识，人们就无法设计出这种量子设备。因此，即使是 20 世纪 90 年代的光纤，也已经在使用量子元件，今天更是如此。

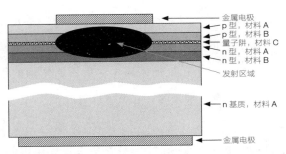

SCH 激光器原理图。n 型和 p 型分别指电子携带电荷的半导体和"空穴"（没有电子）携带电荷的半导体

未来，大量新颖的量子装置可能会改变我们的生活。量子力学的海森堡不确定性原理告诉我们，某些可观测物不能在同一时间被精确测量——例如，如果确切地知道某个粒子在哪里，就不能确定它运动的速度。这个特性可用来检测是否有未经授权的人正在监听秘密信息。当窃听者伊芙偷偷地观测通过的信号的量子态时——比如说光子的自旋——那个量子态就会发生改变，并且她无法控制它怎么改变。这就好比在信息中内置了一个铃铛，每当伊芙想要偷看时，就会弄响铃铛。

有一种实现这一想法的方法是使用量子光子学，即光子的量子力学。另一种则是控制量子粒子的自旋，这个发展中的领域叫自旋电子学。这种设备通过在粒子自旋中编码额外的数据，而不仅仅是粒子的自旋状态，这样可以传递比传统信号更多的信息。所以我的超高速光纤宽带可能很快会被超超高速自旋电子宽带所取代，从而在同一条线缆上承载更多的信息。直到某个天才发明六维超清晰度感官全息技术，并用它占满所有多出来的带宽。

07

爸爸，你能生三胞胎吗？

是什么让《刺客信条：黑旗》里的海浪拍打你的船？是数学。

是什么让《使命召唤：幽灵》里的子弹飞过你头顶？是数学。

是什么让刺猬索尼克跑得快，让超级马里奥蹦得高？是数学。

是什么让《极品飞车》以 80 英里 / 小时＊的速度弯道漂移？是数学。

是什么让《极限滑雪》里的斜坡滑雪成为可能？是数学。

＊ 即 128.75 千米 / 小时。

是什么让《坎巴拉太空计划》里的火箭得以升空？是数学。

——福布斯网站，《超级马里奥背后的数学》

在这个村庄里，房子的屋顶有茅草覆盖，马车在土路上往来，田野里庄稼成片，绵羊成群，颇有一番中世纪风格。一条窄窄的河流在密集的建筑物间穿过，在夕阳的照耀下闪闪发光。我们从上空看到这幅景象，就像从飞机上看一样；当飞机俯冲旋转时，画面也会跟着旋转和摇摆。但这不是在飞机上，从地面上看，可以发现一个清晰的龙的轮廓。接着，再回到龙的视野，眼前是一次掠过屋顶的垂直俯冲，一股火焰在龙的前面喷涌而出，茅草着火了……

这可能是一部电影，也可能是一款电子游戏——如今它们已经几乎无法区分。不过，它们都是计算机图形图像（CGI）技术的胜利。

这是数学吗？

哦，是的。

那它一定很新。

不完全是。这项应用是新的，其中的某些数学既新颖又复杂，但我脑海中的那部分已经有 175 年历史。而这些数学知识从来都不是为计算机图形而出现的，那时候还没有计算机。

它的目的是处理一个更普遍的问题，它独立于任何硬件，这个问题就是三维空间的几何。从今天的角度来看，它和计算机图形之间产生联系的潜力是显然的。但它看起来并不像几何，而像代数。不过，它打破了一条基本代数规则，所以它看起来根本不像代数。它是由爱尔兰数学天才威廉·罗恩·哈密顿爵士创造的，他把自己的这个发明叫作四元数。讽刺的是，出于某些原因，四元数并不是他一直寻找的东西。

他一直在寻找的东西并不存在。

*

今天，地球上的计算机比人还多。人口超过 76 亿，而仅是笔记本计算机就超 20 亿台，智能手机和平板计算机有近 90 亿台，它们的计算能力比 1980 年能买到的最好的超级计算机还要强。[1]算上制造商急于塞进地球上每台洗碗机、烤面包机、冰箱、洗衣机和猫用活板门里的微型计算机，计算机的数量如今是人类的 4 倍。

我们很难意识到，事情并非一直如此。创新的步伐是爆炸性的。最早的家用计算机（Apple II、TRS-80、Commodore PET）是在 1977 年进入消费市场的，到如今也就 40 多年。几乎从一开始，家用计算机的主要用途就是玩游戏。当时的画面很笨拙，游戏也很简单。有些只有文字消息："你在曲折的迷宫里，它们完全不一样。"紧接着的消息更凶险："你正在曲折的迷宫里，所有的路看起来都一样。"

随着计算机的速度越来越快，内存几乎用之不竭，而售价又一跌再跌，计算机生成的图像变得越来越真实，以至于它们开始占领电影业。第一部完全由计算机制作的动画长片电影是 1995 年的《玩具总动员》，而短片更是早了 10 年。现在特效已经变得非常逼真，而且被广泛使用，以至于人们几乎不会注意到它们的存在。当彼得·杰克逊拍摄《指环王》三部曲时，他并不担心灯光问题，因为它们都是在拍摄后用计算机做修正和后期处理的。

我们已经习惯了高质量、快速移动的图像，以至于我们很少停下来思考这些图像是从哪里来的。第一个电子游戏是什么时候出现的——是在家用计算机出现之前的 30 年。1947 年，电视界的先驱小托马斯·戈德史密斯和埃斯特勒·雷·曼为"阴极射线管娱乐设备"申请了专利。阴极射线管是一种既短又粗的玻璃瓶，它有一个宽大而略有弧度的底座作为屏幕，以及一个狭窄的管颈。管颈上的装置向屏幕发射电子束，其方向由电磁铁控制，以水平的方式一行行地扫描屏幕，就像人眼阅读一页文本。当电子束射入射线管前端时，它会让特殊的涂层发出荧光，产生一个明亮的光点。大多数电视机用阴极射线管做显示器，直到1997年平板电视开始商业化。戈德史密斯和曼的游戏灵感来自"二战"时的雷达显示器。光点代表导弹，玩家要尽可能让导弹击中目标，而这些目标则是画在纸上后粘到屏幕上的。

1952年，大型计算机EDSAC实现了玩井字棋。最受消费者欢迎的是雅达利（Atari）制作的早期街机游戏《乒乓》，它是一款简化的二维乒乓球游戏，每位玩家控制一个球拍，球在这两个球拍间来回地弹。以今天的标准来看，当时的图形非常简单，球拍是两个移动的矩形，球是一个移动的正方形，而操作则少得可怜，但在更好的技术出现之前，《乒乓》是最先进的电子游戏。

不用说，哈密顿不可能有意让人们这样用他的数学宝贝。直到142年后，才有了这方面的想法。但事后看来，他的发现所帮助解决的问题，已经包含了这种应用。数学有很多种形式。数学家可以是问题解决者，专注于寻找一个特定问题的答案，无论是在现实世界中还是在纯数学的精神世界里。数学家可以是理论缔造者，在一个统一的框架内组织无数的特殊定理。数学家可以是特立独行的人，从一个领域到另一个领域，从事他们喜欢的研究。数学家也可以是工具制造者，创造出新工具，用来解决眼下尚未出现的问题——那是一种寻找应用的方法。

哈密顿主要以理论缔造者的身份而闻名，但四元数说明了他也是一位厉害的工具制造者。他发明四元数是为了给出一种代数结构，用于系统化地计算三维空间的几何结构。

*

1805 年，哈密顿出生于爱尔兰都柏林，是九个孩子中的第四个。他的母亲叫萨拉·赫顿，父亲叫阿奇博尔德·哈密顿，是一名律师。哈密顿 3 岁时被送到他的叔叔詹姆斯家，他叔叔经营一所学校。哈密顿在语言方面有一种早熟的天赋，不过他似乎自学了大量的数学，他18 岁时才开始在都柏林三一学院学习数学，并取得了极高的分数。克洛因主教约翰·布林克利说："这个年轻人，我不说他将来会是第一流的数学家，但在他那个时代他确实就是。"可以说主教是对的。1837 年，在哈密顿还是一名本科生的时候，他就被任命为爱尔兰皇家天文学的安德鲁天文学教授。他在都柏林附近的邓斯克天文台度过了他的余生。

他最著名的工作主要是光学和动力学，特别是发现了数学和物理这两个不同领域之间的重大联系，哈密顿用一个共同的数学概念对其进行重新表述。这个数学概念叫主函数，我们现在称它为哈密顿函数，它在这两个领域都取得了重大进展。后来，它被证明正是新颖而奇怪的量子力学理论所需要的。

我们在前一章曾简要地提过哈密顿。1833年，他解决了一个延续几个世纪的哲学般的谜题，揭开了复数的神秘面纱，揭露了它们的欺骗性，它们表面上新奇，只是因为伪装得很巧妙，其真正的本质几乎微不足道。哈密顿说，复数就是一对有序的实数，拥有一系列特定的加法和乘法规则。我们还知道，这个答案已经来得太迟，无法让人留下深刻的印象，而高斯提出同样的想法时，他甚至都没有想到要去发表它。然而，哈密顿思考复数的方法被证明是很有价值的，因为它启发了他创造四元数。

由于在数学和其他方面的成就，哈密顿于1835年被封为爵士。四元数是后来才有的，在四元数诞生时，除了哈密顿本人和一些信徒，很少有人认识到它们的重要性。我认为，在哈密顿的一生中，大多数数学家和物理学家把他对四元数的热情推广看作是他的固执己见——虽然还谈不上发疯，但已经很接近了。然而这些人都错了。他的新发明引发了一场革命，把数学引入一片广阔的未知领域。你可以看到为什么大多数人没有意识到它的潜力，但哈密顿知道他是对的。时至今日，这片自然生长的领域仍不断地提供着新的见解。

*

很少有玩家或电影观众会考虑这样的问题：图像的工作原理是什么？这些幻想是如何产生的？是什么让它们如此以假乱真？原因很简单：人们并不需要知道这些就能享受玩游戏或看电影的乐趣。但随着历史的发展，必须发明使其成为可能的技术，而专注于 CGI 和制作游戏的公司，则需要大量训练有素的人，这些人知道众多技巧的工作原理，了解相当多的技术细节，还拥有发明新技术的能力和创意。这不是一个安于现状的行业。

基本的几何原理已经存在了至少 600 年。在意大利文艺复兴时期，几位杰出的画家已经开始明白透视几何学。这些技术让艺术家在二维画布上创造出逼真的三维图像。人类眼睛的原理也是如此，视网膜就是画布。要仔细地讲会有点复杂，但简单来说，艺术家将场景里的每一个点到代表眼睛的点连成直线，并把这些直线与画布相交的地方标上记号，从而将一个真实的场景投影到平面画布上。阿尔布雷希特·丢勒的木刻画《画鲁特琴的人》生动地展现了这个过程。

阿尔布雷希特·丢勒《画鲁特琴的人》(*Man Drawing a Lute*)，描绘了从三维空间到二维画布的投影

这种几何描述可以转化为一个简单的数学公式，将空间中一个点的三个坐标转换成画布上相应图像的两个坐标。要应用这个公式，人们只需要知道画布和观察者的

眼睛相对于场景的位置。出于实践上的考虑，人们不会把这个变换（它叫投影）应用于物体的每一个点；只需应用足够多的点，进而得到一个很好的近似物就行。在下文的木刻画中能看出来这个特点，它画出了一组鲁特琴状的点，而不是全部轮廓。屋顶的茅草、河上的波纹，当然还有它们的颜色，这些细节都可以"覆盖"到这些点上，需要有其他书才能详细介绍其用到的方法。

这基本上就是当我们从龙的视角看村庄时所发生的一切。计算机已经在内存中存储了村庄的每个重要特征的代表坐标。龙的视网膜起着画布的作用，如果我们知道它在哪里，通过哪个角度看，我们就可以用这个公式计算出龙会看到什么。这是电影里的某一帧，展示了某个特定时刻的村庄。在下一帧中，村庄仍在原处，但是龙和它的视网膜发生了移动。算出它们在哪里，然后重复计算，就得到了下一帧。跟着龙在空中飞行的路径，一帧一帧地将它所看到的拼在一起。

当然，它和字面上讲的还不一样，这只是其中的基本思想。有一些特殊技巧可以让计算更有效率，从而节省计算机处理时间。为了简单起见，这里就略过了。

同样的计算方法也适用于在地面上看飞来的龙。此时，我们需要另一组点来确定龙的位置，所有投影的屏幕位置都在地面上，而不是龙身上。为了明确起见，让我们来看看龙的视角。从它的视角来看，其眼睛是固定的，移动的似乎是村庄。当它向地面俯冲时，村子里的一切看起来都变得更大，村庄也在模仿龙的倾斜和转弯。当龙飞向云端时，村庄缩小了。在整个过程中，视角必须保持真实感，而数学上的关键是将村庄当作一个刚性（并且相当复杂）的对象。你可以假装自己是龙，把某件物体放在眼前，然后来回移动和旋转来了解其中的概念。

我们在龙的"参照系"中表示所有东西，它们相对于龙是固定的。村庄像刚体一样移动，这在数学上意味着任何两点之间的距离保持不变。但它是一个可以在空间里运动的整体。有两种基本的运动类型，它们是平移和旋转。在平移中，物体在不弯曲或不转动的情况下向某个方向移动。在旋转中，物体绕着某条固定的线（旋转轴），每个点在与轴线成直角的平面上以相同的角度移动。旋转轴可以是空间中的任意一条线，而旋转的角度也可以是任意大小。

每个刚性运动都是平移和旋转的组合（但平移可以不动，旋转可以不转，在这种情况下，这些变换没有影响）。实际上，这个说法并不对：还有一种可能的刚性运动是反射，就像一面镜子。但连续运动是得不到反射的，所以可以忽略它们。

我们现在已经完成将运动的龙转化为数学的关键步骤。我们需要理解的是，在平移或旋转时，空间中点的坐标是如何变化的。这样，我们就可以用标准公式把结果投影到平面屏幕上了。事实证明，这种转换很容易。旋转处理起来比较麻烦。

*

在二维平面中，一切都容易得多。欧几里得在公元前300年左右形式化了平面几何。然而，他没有用到刚性运动。相反，他用的是全等三角形，它们是形状和大小相同，但位置不同的三角形对。到了19世纪，数学家已经学会将这种三角形对解释为刚性运动，即通过平面变换，把第一个三角形移动到第二个三角形的位置上。格奥尔格·伯恩哈德·黎曼就是用特定类型的变换来定义几何的。

数学家走了一条完全不同的道路，也想出了有效地计算平面刚性运动的方法，这就是我们在前一章中提到的在代数新发展后得到的意想不到的副产品：复数。要转换（滑动）一个形状，如第188页提到的 PIG，我们就会给该形状的每个点加上一个固定的复数。要旋转角度 A，

每个点就都乘以 e^{iA}。就像蛋糕上的奶油，用复数求解物理微分方程很完美，但仅限于二维空间。

这一切使哈密顿产生了一个想法，并使他着迷。既然在二维空间中复数对物理是如此有效，那么在三维空间中应该有类似的"超复数"。如果他能找到这样一种新的数系，那么整个现实物理学就会敞亮得多。如何开始这项研究是显而易见的。由于复数是实数对，那么假设的超复数应该是三个实数，每个维度各有一个实数。这样的三元组（哈密顿经常称它们为三胞胎）的加法公式很简单：只需将各分量分别做加法。这个推广很妥当。接着，他要做的就是找到适用于它们的乘法。然而，他的尝试都没能成功。到 1842 年，甚至连他的孩子都发现了他对此问题的痴迷。他们每天都会问："爸爸，你能生三胞胎吗？"* 而每次哈密顿都会摇头。加减可行，但乘法不行。

要找出数学上有重大突破的确切日期往往是一件困难的事情，因为数学家探索最终发现的"史前史"漫长而又迷茫。但有时我们还是能知道确切的时间和地点的。在这个故事里，大日子是 1843 年 10 月 16 日，那是个星

---

*　原文也有"你能将三元组相乘吗？"的含义。此时，哈密顿的孩子不超过 10 岁，估计并不知道什么是三元组。

期一，地点在都柏林。我们甚至可以很好地考证时间，因为哈密顿是爱尔兰皇家科学院院长，当时他正与妻子在一条运河步道上散步，打算去参加科学院理事会的会议。当他在布鲁厄姆桥上小歇时，困扰他多年的那个问题的答案在他脑海里一闪而过，于是他用小折刀把它们刻在了石雕上：

$$i^2=j^2=k^2=ijk=-1$$

哈密顿在步道上留下的刻字已经磨损，但每年都会有一批科学家和数学家沿着这条"哈密顿步道"大步行进以资纪念。

　　如果不做解释，这刻字可以说是晦涩得无人能懂。即便有解释，当我们第一次看到它时，也会觉得它似乎古怪而毫无意义，但这常常就是伟大的数学突破。它们需要时间来理解。如果发现的是复数，哈密顿会刻出一条简单的规则：$i^2=-1$。这个等式是整个复数系的关键；如果坚持使用常规的算术规则进行计算，那么其他的一切也都有效。除了 i 之外，加上 j 和 k，哈密顿公式定义了一个更广泛的数系，如果你愿意的话，也可以把它们叫作类数对象。他把它们命名为四元数，因为它们有四个分量，每个分量都是传统的实数。这些分量都是一个普通的实数，实数乘以一个叫作 i 的数，它就像是带有这个符号的普通虚数，但还有两个新的分量：一个实数乘以 j 的数，以及一个实数乘以 k 的数。因此，一个典型的四元数由 $a+bi+cj+dk$ 组合而成，其中 a、b、c、d 是四个普通的实数。或者，为了消除神秘感，它是一个遵循一系列算术规则的四元实数 (a, b, c, d)。

在那次轻微破坏行为发生后的第二天，哈密顿给他的朋友、数学家约翰·格雷夫斯写信道："我突然意识到，在某种意义上，我们必须承认，为了计算三元数，需要一个四维空间。"在给父亲的一封信中，他写道："一条电路似乎闭合了，火花闪现了出来。"他说的其实比他所知道的更真实，因为他的发现如今在数十亿电路中发挥着至关重要的作用，在这些电路中迸发着千万亿微小的火花。它们被用在索尼 PlayStation 4、任天堂 Switch 和微软 Xbox 上，也被用在了像《我的世界》《侠盗猎车手》和《使命召唤》之类的电子游戏里。

我们现在明白了为什么哈密顿在尝试"三胞胎"时会遇到这么多麻烦——因为这是不可能的。他假设所有的代数定律都适用，特别是可以除以任何非零数，但无论他尝试哪种公式，它都不能满足所有假设的定律。后来的代数家证明，这个要求在逻辑上是矛盾的。如果想让所有定律都成立，就不能超越复数。我们被困在了二维空间里。如果研究哈密顿公式，并假设满足结合律，你很快就会发现他放弃了乘法的交换律。例如，他的公式意味着 ij=k，而 ji=-k。

哈密顿拥有放弃这条定律的想象力，尽管这很麻烦。但我们现在知道，即便如此仍然无法构造出一个独立的三元数系统。阿道夫·赫维茨在 1923 年发表了一个漂亮的定理，该定理指出，实数、复数和四元数是唯一的"实除法代数"。也就是说，可以用 1 个、2 个或 4 个实分量，但不能用 3 个。其中，只有实数和复数服从交换律。通过弱化结合律，还可以得到一个有 8 个分量的系统，它被称为八元数或凯莱数。下一个自然想到的是 16，但此刻就连弱的结合律也失效了。事情到此为止，其他数都是不可能的。这就是数学有时会造成的一种奇怪现象：在这里，数列 1、2、4、8 的下一项是不存在的。

可怜的老威廉爵士白白耗费了多年努力，试图去实现一个不可能的目标。他的最终突破依赖于放弃了两项关键的原则：乘法应该是可交换的，以及"正确"的三维物理的数系应该有 3 个分量。他理应得到极大的称颂，因为他认识到，想要取得进步，就必须同时放弃这两点。

*

哈密顿将他的新系统命名为四元数，这反映了它们与四维之间的关系。他在数学和物理的许多领域推广了它们的应用，证明了一种特殊的四元数，即"向量部分" $b\mathrm{i}+c\mathrm{j}+d\mathrm{k}$，可以很简洁地表示三维空间。然而，当更简单的结构向量代数出现后，四元数就过时了。四元数仍然活跃在纯数学和理论物理领域，但没能在实际应用方面达到创造者对其寄予的厚望——直到计算机游戏和CGI技术出现在电影工业中。

想到四元数的原因是CGI对象必须在三维空间中旋转。最好的方法就是用哈密顿四元数，它提供了一种简单的代数工具来快速准确地计算旋转效果。哈密顿一定会很惊讶，因为在他那个时代还没有电影。旧的数学可以获得全新的用途。

在计算机图形学中使用四元数的建议出现在肯·休梅克1985年的论文《用四元数曲线实现动画旋转》中。[2]论文的开头写道："固体在空间里滚动翻转。在计算机动画中，摄像机也是如此。这些物体的旋转最好用四元数这样的四坐标系统来描述。"休梅克接着指出，四元数的关键优势在于可以有平滑"插画"，即两个给定端点之间的插值图像。

在深入讨论细节之前，有必要先说一下诱使他发现该方法的一些计算机动画特性（这里做了简化，实际还用到了许多别的技术）。计算机屏幕上的电影或运动图像实际上是一系列静止的图像，通过快速连续播放制造出运动的错觉。早期的动画（比如沃尔特·迪士尼的卡通）艺术家把这些静止的图像画成一件艺术品。创造逼真的动作需要高超的技巧（会说话的老鼠看起来就像真的）。我们可以用一些技巧来简化这一过程，例如在一组镜头中保持单一的背景，或者叠加变化的对象。

这种方法非常耗费工时，而且在快速运动的空间战斗或任何其他高质量动画里是不切实际的。想象一下，你正在制作一部电影或游戏里的一组动画镜头，其中有几艘飞船在互动。每一艘飞船都已经由图形艺术家（在计算机上）设计好了。它被表示为空间中一些固定点的集合，它们彼此相连形成一个由小三角形组成的网络。它们可以依次用合适的数表来表示点的坐标，以及它们之间的连接。计算机软件可以"渲染"这些数（以及其他诸如颜色等）的集合，从而构建出宇宙飞船的二维图像。这就是当它位于某些参照点时，从某些特定位置观看到的样子。

为了让飞船动起来，动画师会以适当的方式改变这些数。例如，要将它移动到一个新的位置，所有的点都要添加一个固定的三元数（位移矢量），而点的连接保持不变。然后渲染这个新数表以获得下一个静止图像，以此类推。添加矢量既简单又快捷，但物体也可以在空间中旋转。它们可以绕任意轴旋转，而这条轴可能还会随着物体的运动而改变。旋转也会改变数表，而且方式更复杂。

通常情况下，动画师知道物体开始时在哪里（比如地面上），要移动到哪里（向着遥远的月球）。二维屏幕上的精确位置至关重要，因为这是受众能看到的。它必须看起来有艺术感，或者让人激动。所以开始和结束这两个位置，是用两个精心计算的数表表示的。如果两者之间的精确运动不那么关键，就可以让计算机在开始和结束之间进行插值。也就是说，把这两个数表通过数学规则组合起来，这个数学规则就是将一个数表转换成另一个数表。例如，对每组对应的坐标进行平均，就可以得到一个介于开始和结束之间的对象。不过，这过于简单，所以不太好用。这样做通常会破坏飞船的形状。

这里的诀窍是使用在空间中的刚性运动来进行插值。你可以先把船平移到中点，然后旋转45°。再来一次，它就刚好在结束的位置，不过此时已经旋转了90°。为了制造出连续运动的错觉，你可以不断重复平移 1/90 的位置，此时每次只需要旋转 1°。在实践中，会使用更小的间隔。

更抽象地说，我们可以从所有刚性运动的"构型空间"来考虑这个过程。这个空间里的每一个点都对应着一个独特的刚性运动，相近的点代表着运动也相似。所以在一连串运动里，每一个动作都接近前一个动作，所对应的一系列点也是彼此靠近。把这些点按顺序连在一起，就能在刚性运动空间中得到一条多边形路径。让点与点之间的间隔变小，就能得到一条连续的路径。因此，从开始图像到结束图像之间的插画问题就被重新定义为在构型空间里找到合适的路径。如果我们希望转变是平滑的，它就应该是一条没有急转弯的平滑路径。有很好的方法可以实现使多边形平滑。

这个构型空间的"维数"（也就是定义其中一个点所需的坐标数）是 6。有 3 个维度转换的是坐标，东西、南北、上下各有 1 个。然后我们还需要 2 个来定义旋转轴的位置，最后 1 个是旋转的角度。所以最初物体在三维空间中平滑运动的问题变成了某个点在六维空间中沿平滑路径移动的问题。这个被彻底改变了的动画问题可以通过用多维几何的知识设计合适的路径来解决。

＊

在应用数学中，传统的处理刚性旋转的方法要追溯到欧拉。1752 年，他证明了任何不存在反射的物体的刚性运动要么是平移，要么是绕某个轴旋转。[3] 然而，为了计算，他在常规的空间坐标表示中结合了基于三条轴的三个旋转，这种方法现在被称为欧拉角。例如，休梅克在考虑飞机的方位时，用了航空学中的三个角度来表示：

- 沿垂直轴的偏航（或航向）角，它给出了飞机在水平平面的方向。
- 俯仰角，它通过机翼绕水平轴旋转。
- 滚动角，它绕着由机头和机尾连成的直线旋转。

这种表示方法的问题有三。第一，分量的顺序至关重要，旋转是不可交换的。第二，旋转轴的选择不是唯一的，在不同区域的应用可以使用不一样的选择。第三，用欧拉角表示的两个连续旋转的组合公式是极其复杂的。这些功能在基本的航空应用中不会有太多麻烦，因为它们主要和在给定方向上飞机的作用力有关，但对于计算机动画来说却很尴尬，因为在计算机动画中，物体会有各种各样的运动场景。

休梅克认为，四元数虽然不那么直接，但提供了一种明确旋转的方式，这对动画师来说要方便得多，特别是在插画的时候。四元数 $a+bi+cj+dk$ 分为标量部分 a 和向量部分 $v=bi+cj+dk$。要将向量 v 旋转四元数 q，只需在左边乘以 q^{-1}，在右边乘以 q，得到 $q^{-1}vq$。不管 q 是什么，结果还是一个向量，其标量部分为零。值得注意的是，根据哈密顿的四元数乘法规则，任意一个旋转都对应一个四元数。标量部分是物体旋转角一半的余弦值；矢量部分的方向和旋转轴相同，而长度等于那个角的一半的正弦值。因此，四元数巧妙地翻译了整个旋转所涉及的几何，尽管这有些不方便，因为公式用到的是角度的一半，而不是整个角度。[4]

如果某个对象被旋转很多次——这经常不可避免，四元数是不会累积畸变的。计算机可以对整数进行精确计算，但计算实数时的精度无法达到完美，所以会带入一些微小的错误。用表示变换的常规方法时，被处理的对象会有些许形状改变，眼睛一看就能发现。相反，如果用一个四元数，稍微改变一下数，结果仍是一个四元数，它仍然代表一次旋转，因为每个四元数都对应着某种旋转（只是和精确的旋转有点不同）。眼睛对这类错误不太敏感，如果误差太大，补偿也很容易。

*

四元数是在三维空间中创建真实运动的一种方法，但到目前为止，我所描述的只适用于刚性物体。宇宙飞船也许能算刚体，但龙不是，龙是柔性的。那么如何在CGI中制作真实的龙呢？这里介绍一个常见的方法，它不仅适用于龙，也几乎适用于所有东西。这里将研究恐龙，因为我正好有可以用的图。该方法将柔性物体的运动简化为一组彼此相连的刚性物体的运动。你可以用随便什么方法来处理刚性物体，并通过一些调整把它们正确地连接起来。特别是，如果用四元数来旋转和平移刚性物体，这个方法也适用于柔性的恐龙。

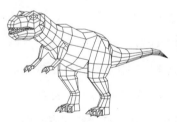
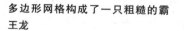

多边形网格构成了一只粗糙的霸王龙

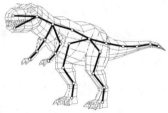

附着在网格上的基本骨架

第一步先创建一个恐龙的三维数字模型，其表面是由三角形、矩形、不太规则的四边形等平面多边形组成的网格。用于这项任务的软件以几何形式表示形状，人们可以将它们移动、旋转、放大细节等，每一个动作都会显示在计算机屏幕上。然而，软件操作的并不是几何图形本身，而是各多边形交点的数字坐标表。事实上，软件用来帮助绘制恐龙的数学原理与用来制作动画的原理非常相似。它们的主要区别在于，在这个阶段，恐龙是固定的，而旋转和平移的是视点。在动画中，当恐龙移动时，视点是固定的；当然，在龙俯冲时，视点也会移动。

现在我们有了一只粗糙的刚性恐龙，怎么让它动起来呢？我们没有用艺术家在米老鼠时代使用的办法：数百次地绘制稍有不同的恐龙。我们想让计算机做这些繁重的工作。因此，我们将恐龙的骨骼简化为最基本的骨架，这些骨架是连接在末端的少数刚性杆（"骨头"）。我们把这些刚性杆遍及恐龙的身体、四肢、尾巴和头部。它们不是解剖学意义上的骨头，只是一些让我们得以柔性化动物主要部分的框架。这个骨架也由其两端的坐标表表示。

动作捕捉是一种非常有效的方法，可以获取真实的运动，特别是人或人形生物的。为了获得三维数据，演员在一个或多个摄像机前进行必要的动作。白点贴在他们身体的关键位置——如脚、膝盖、臀部和肘部上，然后计算机会分析演员的视频，提取出这些白点是如何运动的。这些数据可以让骨架动起来。这就是《指环王》三部曲中制作咕噜动画的原理。当然，如果你想要那些古怪的非人类动作（但动作又要逼真），那么演员就必须以古怪的方式移动。

我们不断调整骨架的动画，当得到满意的结果后，就把网格"挂"在骨架上。也就是说，把这两个坐标表结合起来，确定刚性杆和网格周围位置之间的附加连接。然后，在很大一部分过程里，我们不用管网格，只需绘制骨架的动画。在这个环节，我们会大量地应用刚性运动的研究成果，因为每根刚性杆都是刚性的，我们希望这些刚性杆能在三维空间里运动。我们还必须对运动加以限制，让刚性杆保持连接。如果移动一根刚性杆，那么与它相连的刚性杆的末梢也得跟着移动，于是我们将这些末梢的坐标转换成正确位置。我们也可以刚性地移动这些刚性杆，当然这会影响到与它们相连的其他刚性杆……一根连着一根，我们就可以让整个骨架有些柔性了。我们可以移动它的脚让它走路，把它的尾巴上下或横向移动，让它张开凶恶的嘴巴——但这些都是在骨架上实现的。这更简单、更快、更便宜，因为骨架的"零件"更少。

当我们高兴地看到骨架正在按设想的方式运动时，我们可能会发现从运动的第一帧开始，把网格覆盖上去是有用的。接着，动画软件让网格在一连串连续的帧里跟随骨架运动，这并不需要我们再做什么事，只要点击一两下鼠标就行。通过这样做，我们可以检查当恐龙照着骨架运动时，动画是不是看起来还那么真实。

现在就可以玩各种各样的创意游戏了。我们可以移动"摄像机"的位置（即软件在用的视点）去实现放大特写、从远处看奔跑的恐龙，等等。我们可以创造其他生物，它们也许是一群正在躲避可怕霸王龙的食草动物。同样的，这也是通过先用刚性杆而后将网格覆盖其上实现的。我们可以分别绘制各种生物的动画，然后把它们放在一起创建出一个狩猎场景。

因为骨架只是简笔画，在这一点上，我们可能没有做任何事情来阻止两种生物出现在同一位置，而更多的软件微调可以提醒我们有这方面的冲突。当我们将网格覆盖在骨架上时，前面的多边形会与后面的重叠，因为恐龙不是透明的，我们必须清理掉所有不应该出现的区域。所有这些都可以利用坐标几何，通过一些简单的计算完成，不过计算量非常大。直到计算机变得非常快后，这才变得可行。不过这在如今已是家常便饭。

还有更多的工作要做，因为一个看起来像是由很多

228

多边形组成的恐龙并不会令人记忆深刻。我们必须在多边形上覆盖逼真的皮肤纹理，然后涂上颜色，也许创建逼真的纹理（毛皮）会看起来与鳞片非常不同。每一个步骤都需要不同的软件，实现不同的数学技巧。这个步骤被称为"渲染"，它把我们观看电影时会呈现在屏幕上的最终图像组装起来。但这一切的核心是数十亿次的计算，主要计算的是点和边缘附近的刚性运动。

这些数学方法还有另一个优势。在任何阶段，我们都可以决定哪些是不对的，并改掉它们。如果不需要棕色的恐龙，而是要一只绿色的，我们不需要重新画所有的东西。我们仍然可以用相同的骨架和网格、相同的运动、相同的皮肤纹理，只是改一下颜色。

制作电影或游戏动画时，专家团队用一系列行业开发的标准软件包来处理这些过程。为了让你了解这些工作的复杂性，我将介绍一些制作电影《阿凡达》的公司和软件。

《阿凡达》的大部分动画是由新西兰的维塔数码公司（Weta Digital）完成的，该公司因《指环王》和《霍比特人》而闻名于世。工业光魔公司制作了 180 个特效镜头，主要是最后一战里的飞机，这家公司是乔治·卢卡斯于1975 年为了第一部《星球大战》的特效而创建的。电影的其余部分由英国、加拿大和美国共同参与制作，主要负责重要的特殊细节，如模拟未来技术的控制室屏幕和护目镜里的透视仪表盘。Autodesk 的 Maya 软件处理了大多数上述照片。Luxology 的 Modo 则被用于模型（特别是蝎子）的设计。Houdini 创造了地狱之门的场景和内饰，而 ZBrush 设计了外星生物。Autodesk 的 Smoke 完成了色彩校正，Massive 模拟了外星人植物化，Mudbox 处理了漂浮的山脉。美工和纹理的原型是由 Adobe 的 Photoshop 创建的。总共有十几家公司参与其中，使用了 22 款不同的软件工具和数不清的特殊编码插件。

*

如今，CGI 动画里混合了一些非常复杂的数学。其目标是让动画师的工作尽可能简单，得到的结果尽可能真实，花费的成本和时间则尽可能少。这一切都是我们想要的——即刻就要，还得便宜。

例如，假设电影工作室有一个恐龙经历各种动作序列的动画库。一种动作是恐龙通过一个"步态周期"向前奔跑，是周期性重复某一部分运动。另一种动作是恐龙跃入空中，然后往下坠落。而你呢，想要创造一组镜头，在这组镜头里，恐龙追着一个小型食草动物，并在小型食草动物上空跳跃。比较有效的做法是把十几个奔跑的步态周期串接到一起，然后在最后加上一个跳跃。当然，你也可以对所有这些做微调，让十几次相同动画的重复看起来不那么明显，这是一个很好的方法。

在骨架层面上把镜头串起来是有意义的。所有其他的东西，如挂上网格、填上颜色和纹理可以稍后完成。于是，你把最要紧的事情给办了，把包含了十几个奔跑的循环和一次跳跃合在了一起，然后看看效果。

但效果不太好。

分开看都还行，但放在一起就不那么流畅了。动画断断续续，一点也不真实。

在以前，唯一的办法可能就是手工修改连接，可能会插入一些新的动作。即便如此，这个任务也很棘手。一些最近发展出来的数学技术有望能更好地解决这一问题。其理念是使用平滑方法来填补全部空隙，同时消除急剧的变化。关键是要找到好方法去处理骨架中使用单根刚性杆的地方，或者更一般地说，处理骨架中使用单一曲线的地方。解决了这个问题之后，你就可以把每根刚性杆连接在一起了。

眼下，尝试这一工作的数学领域被称为形状理论。让我们先讨论一个显而易见的问题：什么是形状？

在常规的几何中，我们会遇到很多标准形状：三角形、正方形、平行四边形、圆。当这些形状用坐标几何表示时，它们就变成了方程。例如，在平面上，单位圆上的点 (x, y) 恰好满足方程 $x^2+y^2=1$。另一种非常方便的表示圆的方法是使用一个所谓的参数。它是一个辅助变量，比如把 t 当作时间，考虑 x 和 y 如何依赖于 t 的公式。如果 t 属于某个定义域，那么 t 的每个值都能计算出两个坐标 $x(t)$ 和 $y(t)$。得到正确的公式后，这些点就能定义圆了。

圆的标准参数公式用到了三角函数：

$$x(t)=\cos t, \quad y(t)=\sin t$$

然而，改变参数在公式中出现的方式，也有可能得到一个圆。例如，如果我们把 t 改成 t^3，于是有

$$x(t)=\cos t^3 \quad y(t)=\sin t^3$$

上式同样也是圆，而且这两个圆是相同的。之所以会产生这种效果，是因为参数 t 传递的信息不仅仅是 x 和 y 如何变化。对于第一组公式，点随 t 的变化以恒定的速度运动，但第二组却不是。

形状理论是一种解决这类不具备唯一性的方法。一

个形状是一条曲线，可以把它当作一个不依赖于特定参数公式的对象。如果可以改变参数将一个公式转换成另一个，比如把 t 转换为 t^3，那么两条参数曲线定义相同的形状。在过去的一个世纪里，数学家提出了一种标准方法来处理这类问题。这还真不是其他人能想到的，因为它需要一个相当抽象的视角。

第一步考虑的不仅仅是一条参数曲线，而是所有可能的参数曲线"空间"。然后，如果可以通过改变参数，从空间里的一个点到另一个点，那么我们会说这两个点（即两条参数曲线）是等价的。于是，一个"形状"被定义成了一个完整的曲线等价类，即所有等价于一个给定曲线的曲线集合。

这是对模数进行算术运算的推广，它更为一般。例如，在对 5 取模的整数中，"空间"是所有整数，如果两个整数的差是 5 的倍数，那么它们是等价的。有五种等价类：

都是 5 的倍数

都是 5 的倍数余 1

都是 5 的倍数余 2

都是 5 的倍数余 3

都是 5 的倍数余 4

为什么没有更多了呢？因为 5 的倍数加上 5 就是稍微大一点的 5 的倍数。

在这种情况下，等价类集记为 Z_5，它有很多有用的结构。事实上，第五章曾提到很多基本的数论都依赖于这个结构。我们说 Z_5 是整数对 5 取模的商空间。这就是假设相差 5 的数是相同的。

形状空间也有类似的情况，只不过不是整数，而是有所有参数曲线的空间。我们改变参数的公式，而不是用 5 的倍数去做减法。所以我们得到的"商空间"是所有参数曲线的空间对参数取模变化。这听起来可能毫无意义，但它是一种标准的技巧，其价值在很长一段时间内会更明显。它具有价值的一个原因是，商空间是那些我们感兴趣的对象的自然描述；另一个原因则是商空间通常会从原始空间继承一些有趣的结构。

对形状的空间而言，有趣的结构主要指测量两个形状之间的距离。取一个圆，稍做变形后会得到一个闭合的曲线，它与圆很像，但它们是不一样的。如果将圆变形得很厉害，便会得到一条更不像圆的闭合曲线，它的"距离更远"。我们能把这种直觉变得更精确，可以证明形状空间有一种合理且自然的距离概念，即度量标准。

一旦空间有了度量标准，就可以实现各种有用的事。

你尤其可以区分连续的变化和不连续的变化，你可以提高标准以区分变化是否平滑。最后，让我们回到拼接动画镜头的问题。至少，这种关于形状空间的度量，可以让我们在计算机上通过计算而不是肉眼来检测目标是否具有连续性或平滑性。不过它还有其他用处。

数学中有许多平滑技术，可以将不连续函数转化为连续函数，或者把非光滑函数转化成光滑函数。人们发现可以把这些技术应用到形状空间上。因此，通过计算机做正确的计算可以消除不连续点，一个突然冒出不连续点的拼接镜头能被自动修改。这并不容易，但可以实现，而且可以很有效，从而节约资金。只不过计算两条曲线之间的距离会用到最优化方法，这有点像我们在旅行商问题里提到过的方法。平滑处理需要解微分方程，那种方程就像我们将在第九章和第十章会遇到的傅里叶热传导方程。现在，不连续点被平滑处理，就像热传导消除方波一样，大家认可整个动画镜头的曲线"流进"了另一个不同的动画镜头里。[5]

类似的抽象公式也可以把动画转换成不一样但又相似的动画，可以把一个恐龙行走的镜头调整成奔跑。这不单单是加速动作的问题，因为动物奔跑和走路的动作存在明显区别。这种方法仍处于起步阶段，但这强有力地表明，一些非常高水平的数学思维可能会在未来的电影动画中取得巨大的回报。

这些只是数学对动画的贡献。它还简化了物理过程，以模拟海浪、雪堆、云层和山脉。其目的是让计算尽可能简单的同时，还能得到真实的结果。如今，有很多关于人脸的数学理论。在《星球大战外传：侠盗一号》里，通过把"脸"盖在替身身上的方式，对演员彼得·库欣（1994年去世）和凯丽·费雪（2016年去世）进行了数字化再造。不过效果一般，粉丝们不愿意接受。在《星球大战8：最后的绝地武士》里，人们用了更好的方法——从以前的电影中选取费雪的镜头，然后把它们串在一起，以适应剧本的需要。不过，为了满足剧本，"她"仍然需要用到大量的CGI特效来改变着装。事实上，除了"她"的脸以外，几乎所有的东西，诸如脑袋、发型、身体、衣服，都用数码做了标记。[6]

同样的技术也已被用于制作假脸，作为政治宣传的一部分。他们先是拍摄某人发表种族主义或性别歧视言论，或是醉酒的画面，然后把对手的脸换上去，再放到社交媒体上。即使谎言被戳穿，做这种事的人也已经取得了领先的优势，因为谣言比事实传播得更快。数学以及依赖于它的技术，既可以用来做好事，也可以用来做坏事。重要的是我们如何用它。

08

啵嘤!

弹簧是一种有弹性的物体,在被压或拉伸后,只要松开它就能恢复原来的形状。它通过施加恒定的张力或吸收运动来存储机械能。从汽车、建筑到家具,弹簧几乎应用于各个行业。

——英国工业联合会,《产品概况:弹簧在欧洲》

最近我们买了一个新床垫。我们选的是那种有 5900 个弹簧的。根据百货商店的横截面图,床垫里密集排列着松散螺旋弹簧,它们的顶部还有一层较小的弹簧。真正高端的床垫在其主层里还有 2000 个弹簧。与以前的床垫里有 200 个相当大而且不太舒服的弹簧相比,今天的技术领先很多。

弹簧是一种无处不在却很少被人注意到的小玩意儿——除非它们出了问题。汽车发动机里有气门弹簧，可伸缩圆珠笔里有又长又细的弹簧，计算机键盘、烤面包机、门把手、钟表、蹦床、沙发和蓝光播放器里也都有各式各样大小不一的弹簧。我们没有注意到它们，是因为它们被藏在电器和家具里，"消失"在我们的视线和脑海里。弹簧是一笔大买卖。

你知道弹簧是怎么制造的吗？在1992年我办公室的电话铃响起之前，我并不知道。

"喂？我是莱恩·雷诺兹，是谢菲尔德弹簧研究和制造商协会的工程师。我读了你关于混沌理论的书，你提到了一种通过观察找到混沌吸引子形状的方法。我认为这可能有助于解决过去25年弹簧制造行业一直存在的问题。我用我的辛格莱ZX81对一些测试数据进行了检测。"

辛格莱ZX81是最早面向消费市场的家用计算机之一，它用电视机作为显示器，用盒式磁带存储软件。它大约有一本书那么大，由塑料制成，内存高达1K。你可以在反面再插一个16K的，不过需要采取一点措施，以防它掉下来。我做了一个木框架来固定内存，有的人则用蓝丁胶。

这并不是最先进的计算技术，但莱恩的初步结果已经足以保证从贸易和工业部（DTI）获得9万英镑（当时相当于约15万美元）的拨款，并从弹簧和线缆制造商联盟获得相应的资助（实物，而不是现金）。这笔钱用于一项为期三年的改善弹簧钢丝质量控制测试的项目，它还创造了另外两个为期五年的项目。据估计，这一成果每年可以为弹簧和线缆行业节省1800万英镑（约3000万美元）。

事实上，一直以来，有成千上万的这样的数学被应用于工业问题，它们中的大部分都是默默无闻的。这里有许多都是商业机密，受保密协议的保护。英国的机构，如工程和物理科学研究理事会或数学及应用数学研究所，会时不时地发布一些此类项目的案例研究概要，美国和其他地区也会如此。如果没有这些项目，以及世界范围内大大小小的公司有针对性地使用数学，所有我们每天都用的器具和设备将不复存在。然而，这是一个隐秘的世界，我们中几乎没有人会察觉它的存在。

在本章中，我将介绍我参与的三个项目。不是因为它们特别重要，而是因为我知道它们和什么有关。相关的基本概念大多会发表在公共领域的行业期刊上。我的目的是向各位说明，数学在工业中的应用通常是间接而又惊奇的，同时还会有一点意外。

比如莱恩的电话。

　　困扰线缆和弹簧工业25年之久的问题虽然简单，但很基础。（由弹簧制造公司生产的）弹簧是让（由线缆制造商生产的）线缆通过盘簧机制造出来的。大多数钢丝的性能很好，可以生产出尺寸和弹性在要求范围内的弹簧。但有时候，即使是熟练的机械师，也可能不能很好地将某一批次的线缆盘好。20世纪90年代初，常用的质量控制方法并不能区分线缆的好坏，好坏线缆都能在化学成分、抗拉强度等方面通过测试。从表面上看，坏线缆和好线缆看起来一样。但是，当好线缆被送入盘簧机时，出来的就是需要的弹簧；当用到的是坏线缆时，出来的东西要么看起来像弹簧，但尺寸不对，要么就是更糟糕的结果——出来的是一团只能回炉的乱麻。

　　试图把线缆卷起来并不是一种有效的测试方法。如果线缆是坏的，就会把昂贵的盘簧机缠上好几天，直到操作员确信那批线缆永远无法制作弹簧。不幸的是，由于线缆已经通过了常规测试，制造商有理由坚持它们没有问题：一定是盘簧机的设置有问题。这两个行业都对由此出现的墨西哥僵局[*]深表遗憾，都希望能有一种可靠的方法来找出谁是对的，而且也都希望错的不是自己。愿望是良好的，但需要一种客观的测试。

当我们开始这个项目时，第一步就是把数学家带到弹簧制造公司，告诉他们钢丝是如何变成弹簧的。这些都和几何有关。

最常见的弹簧是压缩弹簧。把这种弹簧的两端推紧，它们就会反推。最简单的设计是螺旋形，就像盘旋的楼梯。假设有个点匀速地绕着一个圆一圈又一圈地转动，现在让它沿着圆的切向匀速运动。它在空间中画出的曲线就是螺旋线。出于实际原因，螺旋弹簧的两端通常都是闭合的，就好像移动点在沿着切向运动之前先在平面上绕一个圈，然后再沿着最终线圈的方向运动。这可以保护线圈的两端不被东西缠住，也可以保护人们不被线圈的两端缠住。

从数学上讲，螺旋线有两个特征值：曲率和挠率。曲率测量它弯曲的剧烈程度，而挠率则是指它向平面外扭转的程度，这是由其弯曲方向决定的。（显然，这是一个技术上的定义，我们不要纠结关于空间曲线的微分几

---

[*] 指没有任何策略可以让某一方取得胜利的僵局。

何。）对螺旋而言，这两个量都是常数。所以当你从侧面看螺旋时，它的间隔是均匀的，而倾斜角是相同的——这是因为螺旋轴的速度是恒定的。当你从端面看时，所有的线圈都彼此对齐，形成一个圆圈，这就是一圈又一圈的匀速运动造成的。小圆的曲率高，而大圆的曲率低，快速上升的螺旋的挠率大，反之挠率就小。

盘簧机以极其简单的方式用机械实现了这些特性。盘簧机把钢丝从一个叫作"送线架"的松散大卷轴送出，它会经过一块坚硬的金属。与此同时，钢丝向某个方向弯曲，并且在垂直方向给它一个小小的推力。曲率和挠率分别是由弯曲程度和推力决定的。随着金属丝被不断地送上去，机器一圈又一圈地盘出螺旋。当长度足够时，另一个工具将其切断，准备制作下一个弹簧。额外的配件在弹簧的两端附近将挠率调节成 0，从而让线圈变平并使之闭合。整个过程很快——每秒可以制造好几个弹簧。有一家制造商在盘簧机上可以以每秒 18 个的速度，用特殊的线缆造出微型弹簧。

线缆和弹簧制造公司通常都很小，严格来说是中小型企业。它们被夹在大型供应商（如英国钢铁）和大型客户（如汽车和床垫公司）之间，因此利润空间在两头都遭受挤压。为了生存，它们必须保持高效。没有一家公司能证明拥有自己的研究部门所带来的花费是合理的，所以弹簧研究和制造商协会（后来更名为弹簧技术研究所）以一种联合研发的形式开展工作，这是由其成员公司资助的风险项目。莱恩和他在协会的同事在盘圈问题上取得过一些进展，解决了出错的地方。不断变长的盘圈的曲率和挠率取决于钢丝的材料特性，比如它的可塑性，即弯曲的难易程度。当盘圈成为一个很好的规则螺旋时，这些特性在钢丝上是一致的。如果盘不出来，就说明其特性不一样。因此，很有可能是由于线缆的特性变化不规则，导致盘圈不易。于是问题就变成如何检测这些变化。

答案是，把钢丝缠绕在一根金属棒上，使其变成一个线圈，就像把意大利面绕在叉子上一样，然后测量相邻线圈的间距。如果它们都相等，那么钢丝就是好的；如果距离五花八门，那么就是不好的钢丝。不过，有时虽然距离的变化很大，钢丝仍然可以被做成弹簧。也许其距离没有完美的钢丝的那么整齐划一，但用在某些地方已经足够。所以问题的核心是：如何量化（给出一个值）钢丝"五花八门"的程度？协会的工程师把所有常用的统计工具都用到了测量数据中，但是没有一个与盘圈效果匹配。这就是我那本关于混沌理论的书的由来。

*

　　混沌理论这个名字是由媒体发明的，其作为更广泛
的非线性动力学理论的一部分，数学家更熟悉它。非线
性动力学研究的是当系统在遵循特定数学规律时，其行
为随着时间的推移的表现。先测量当前的系统状态，再
根据规则推测出其在未来一小段时间内的状态，然后不
断重复这一过程。随着时间的流逝，人们可以计算出系
统在未来任意时刻的状态。这种技术是动态的。粗略地说，
"非线性"意味着该规则不仅让未来的状态无法与当前状
态成正比，也不会让它和当前状态与某些参考状态之差成
正比。对于连续变化的时间，该规则由微分方程决定，而
该微分方程将系统变量的变化率与其当前值关联在一起。

　　规则也可以是离散的，它的时间是有步长的，这时，
就要用差分方程来表示：一个步长之后的状态，就是当
前状态在应用这种规则后的情况。这种离散的情况解决
了盘圈问题。很幸运，这比较容易理解。情况大致是这
样的：

　　时间 0 的状态→时间 1 的状态→时间 2 的状态→…

在这里，箭头代表"应用规则"。例如，如果规则是"翻倍"，如果初始状态等于1，那么此后每一步产生的状态序列为1，2，4，8…，即每次都加倍。这是一个线性规则，因为输出与输入成正比。而诸如"平方减3"这样的规则是非线性的，在这种情况下它会产生的状态序列是：

$$1 \rightarrow -2 \rightarrow 1 \rightarrow -2 \rightarrow \cdots$$

该序列一遍又一遍地重复同样的两个数。这是一种具有"周期性"的动态，就像季节的循环一样。只要给定初始状态，未来的状况是完全可以被预测的：它只是在1和-2之间交替。

然而，如果规则是"平方减4"，我们便会得到：

$$1 \rightarrow -3 \rightarrow 5 \rightarrow 21 \rightarrow 437 \rightarrow \cdots$$

在这里，除了第二个数，数会越来越大。只要继续应用规则，其顺序仍然是可预测的。因为它是确定性的，没有随机特征，所以每个接续的值都由前一个值唯一决定，所以整个未来是完全可以被预测的。

这同样适用于连续的情况，尽管在这种情况下可预测性不那么明显。这样的数的序列被称为时间序列。

在伽利略和牛顿的指引下，数学家和科学家发现了无数类似的规律，例如关于物体在重力作用下的位置的伽利略规则和牛顿的万有引力定律。这个过程让人们相信，任何机械系统都遵从确定性规则，所以它们是可预测的。然而，伟大的法国数学家亨利·庞加莱发现了这个论证里有一个漏洞，并于1890年将其发表。牛顿万有引力定律指出，两个天体（如恒星和行星）绕着它们共同的质心在椭圆轨道上运行，在这种情况下，质心通常在恒星内部。运动具有周期性，其周期是天体绕轨道运行并回到起始位置一次所花费的时间。庞加莱研究了如果有三个天体（如太阳、行星、月球）会发生什么，他发现在某些情况下，运动是极不规则的。后来的数学家在这一发现之后才意识到，这种不规则性使得此类系统的未来变得不可预测。关于可预测性的"证明"的漏洞在于，只有在可以测量初始状态并以完美的精度——精确到无限多位小数点——完成所有计算时，它才是有效的。否则，即使是非常微小的误差也会呈指数级增长，直至误差把真实值淹没。

这就是混沌，或者更确切地说，是确定性的混沌。即使你知道规则，并且它们也没有随机特征，哪怕未来在理论上是可预测的，然而在实践中它也可能是无法预测的。事实上，这种状况是如此不规则，以至于看起来是随机的。在一个真正随机的系统中，当前状态不会提供关于下一个状态的信息。在一个混沌系统中，却有一些微妙的规律。混沌背后所隐含的规律具有几何性，它们可以将模型方程的解绘制成空间中的曲线，而这些曲线的坐标是状态变量。有时候，如果等上一段时间，这些曲线便会描绘出一个复杂的几何形状。如果具有不同起始点的曲线都能描绘出相同的形状，我们便把这种形状称为吸引子。吸引子刻画了混沌行为里的隐秘规律。

一个标准的例子是洛伦兹方程，它是在连续时间下模拟对流气体（如大气中的热空气）的动力系统。方程有三个变量，在三维坐标系中，这些解曲线最终都沿着一个类似于面具的形状运动，这种形状就是洛伦兹吸引子。混沌的出现是因为，尽管解曲线在这个吸引子上（附近）转来转去，但不同解的路径是非常不同的。比方说，

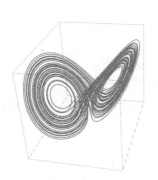

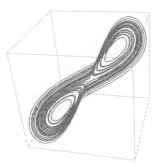

洛伦兹吸引子　　　　　从单变量重构其拓扑结构

有的可能会在左边绕六次，然后在右边绕七次；而邻近的曲线则可能在左边绕八次，然后在右边绕三次，诸如此类。这些曲线预测的未来非常不一样，虽然变量的初始值非常相似。

不过，短期预测是相对可靠的。起初，两条相邻曲线是很接近的，它们是到后来才开始分化的。所以混沌系统在短期内是可预测的，它们不像真正的随机系统，是完全不可预测的。这是区分确定性混沌和随机性的一种隐藏规律。

当我们使用一个特定的数学模型时，我们知道所有的变量，并可以用计算机计算它们的变化情况。我们可以通过在坐标上绘制这些变化来形象化吸引子。当研究某个可能是混沌的真实系统时，这种方法并不总能奏效。在最糟糕的情况下，我们可能只能测量其中一个变量。因为不知道其他变量，所以我们无法绘制出吸引子。

这就是莱恩的洞见力所在。数学家已经设计出一些巧妙的方法，通过对单个变量的测量来"重建"吸引子。其中最简单的是由诺曼·帕卡德和弗洛里斯·塔肯斯研发的帕卡德—塔肯斯滑动窗重建技术。它通过在不同时间测量相同的变量来引入新的"假"变量。所以我们不是观察三个原本应该同时出现的变量，而是只观察一个在三个时间步长窗口内的变量；然后每步都同样地滑动窗口，并且多次重复这个过程。上述右图展现了用该方法处理洛伦兹吸引子的情况。它与左图不太一样，但除非选择的时间步长很糟糕，否则它们应该有相同的拓扑，也就是说，重建的吸引子是实际吸引子经过连续变换后得到的。这里的两幅图看起来都像面具，有两个孔，但其中一个可以扭成另一个。

这种技术给出了吸引子的定性图案，它告诉我们将会出现什么样的混沌。因此，莱恩想知道相同的方法是否也能处理他的弹簧数据，于是他制作了一个二维图，把线圈之间相邻的间隙当作时间序列，并用滑动窗重建技术来处理。不过，莱恩并没有得到一个像面具一样清晰的几何形状，他得到的是一堆由模糊的点构成的云。这表明，用数学家的眼光来看，间隙序列可能并不是混沌的。

所以这个方法没用吗？并非如此。

引起莱恩注意的是那片模糊的云的整体形状。他花费了大量力气在盘簧机上对线缆样品做测试，所以他知道哪些样品是好或坏，抑或是无法被严格判别。重建的点云能分辨这些吗？答案很显然，它可以。当钢丝真的很好，卷起来很容易，而且能做出非常精确的弹簧时，云团很小，其形状大致是圆形的。当钢丝马马虎虎，卷起来相对容易，但做出的弹簧间隙差别较大时，云团会更大，但其形状大致仍是圆形。相反，当钢丝质量不好，无法被卷成弹簧时，云团会又长又薄，就像一支雪茄。

如果其他样品也有同样的图案，就可以不必在盘簧机上做缓慢而昂贵的测试，改用模糊云团的形状和大小来确定钢丝的好坏就行了。这就找到了一种廉价而有效的方法来测试线圈可绕性。实际上，线圈的间距是随机还是混沌，抑或两者兼而有之都无关紧要。你并不需要确切地知道导线的材料特性是如何变化的，甚至根本不需要知道这些特性是什么。在弹性理论中，你当然不需要做非常复杂的计算，也不需要通过同等复杂的实验，去验证、理解这些变化是如何影响盘圈的。你所需要知道的就是滑动窗口图是如何区分钢丝的好、坏，你可以通过用更多的钢丝样品做测试，并与它在盘簧机上的表现做比较来检验。

现在，测量数据时用标准统计方法（如均值和方差）没有用的原因搞清楚了。这些度量忽略了数据产生的顺序，每一个间隙与前一个是有关的。如果打乱数据，均值和方差不会改变，但点云的形状可能会大不相同。这很可能是造出好弹簧的关键。

为了研究这一观点，我们建造了一台质量控制机

（FRACMAT），它将一个测试线圈绕在一根金属棒上，用激光千分尺扫描以测量其相邻的间隙，然后把这些数据输入计算机，用滑动窗重建来获得一组点，估计出最吻合的椭圆，并得到它的形状（是圆形或雪茄形）及大小，最终判断出钢丝样本的质量。重建方法是混沌理论的一个实际应用，尽管问题本身在技术意义上可能并不是混沌的。确切地说，工业和贸易部的资金并非用于研究，而是为了技术转移；我们把重建方法从混沌动力学转移到了一个可能并非混沌的真实系统的时间序列研究上。我们告诉他们的这些，正是我们所要做的。

*

混沌并不是"随机"的花名。混沌在短期是可以预测的。如果你掷骰子，那么当前的结果并不能告诉你接下来会发生什么。不管我这次扔的是什么，所有的数，1、2、3、4、5、6在下次出现的可能性都是相等的。在这里，我们假设骰子是公平的，而不是被预制成某些数更容易出现的。混沌则不然，如果混沌是骰子，就会有规律。也许掷出 1 后只会有 2 或 5，而掷出 2 后只有 4 或 6，以此类推。下一个结果在某种程度上是可以预测的，但从现在开始后的第五次或第六次投掷可能会是任意一种情况。你想知道的越多，预测的不确定性就越大。

第二个项目叫 DYNACON，它是在第一个项目的基础上发展起来的，当时我们意识到可以利用这种混沌的短期可预测性来控制盘簧机。如果我们能在生产时测量弹簧的长度，并且从数据中发现机器确实变得混沌了，就有可能发现生产出了坏弹簧，从而调整机器以作补偿。制造商已经找到测量弹簧长度的方法，并将次品弹簧移到一个单独的容器里，但我们想要的更多。我们希望不仅仅是在它们被制造出来后将其挑出来，而是要避免制造出它们。这虽然不完美，但足以避免浪费大量钢丝。

大多数数学涉及精度。某个数等于（或不等于）2，这个数确实（或不）属于质数集合。现实世界往往模糊得多。测量值可能接近 2 但不恰好等于 2；并且，如果再做相同的测量，结果可能还会略有不同。虽然一个数不可能"几乎是质数"，但它肯定可以"几乎是整数"。这种描述对于像 1.99 或 2.01 这样的数很合理。1965 年，卢特菲·扎德和迪特尔·克劳阿分别独立地提出了关于这种模糊的精确数学描述和模糊逻辑的相关概念，这就是模糊集合理论。

在传统的集合理论中，一个对象（如数）要么属于某个特定的集合，要么不属于。在模糊集合理论中，有一个精确的数值来衡量它的归属程度。所以 2 可能有一半属于这个集合，也可能有三分之一属于这个集合。如果测量值是 1，那么这个数肯定属于该集合；如果是 0，则该数字肯定不属于那个集合。当数值只有 0 和 1 时，就是我们的常规集合理论。如果允许在 0 和 1 之间的任何度量，模糊隶属度就会掌控这两者之间的灰色地带。

一些杰出的数学家急于否定这一观点，他们要么声称模糊集合理论只是伪装的概率论，要么辩解道大多数人的逻辑已经足够模糊，而数学不应如此。我很困惑，是什么促使一些学者如此迅速地对新思想不屑一顾，尤其是当他们这样做的理由站不住脚的时候。没有人建议用模糊逻辑代替标准逻辑，它只是军火库里的另一种武器。虽然模糊集合表面上看起来像概率，但它们的规则不一样，解释也是不同的。如果一个数属于某个集合的概率是 1/2，当你是一个频率论者，你会说，如果我们重复这个实验很多次，这个数大约会有一半的时间在这个集合中。如果你是一个贝叶斯主义者，你对这个数属于该集合的信心是 50%。但对模糊集合理论而言，是没有概率的概念的。数肯定属于这个集合，但它的归属程度却不是 1，而恰好是 1/2。至于对糟糕逻辑的嘲笑是，模糊逻辑有精确的规则，任何用它的论证要么正确，要么不正确，这取决于它是否遵守了这些规则。我想，"模糊"这个词让一些人想当然地认为，这些规则本身是可塑的，定义也很糟糕。实际上并不是这样的。

另一个问题无疑把水搅浑了，那就是模糊集合和模糊逻辑给数学带来了多少有价值的东西。建立泛泛的正式系统太容易了，这些系统比那些装腔作势、毫无内容、充满"抽象的废话"的公式好不了多少。我怀疑，从这个角度来看待扎德的创意实在是太过诱人了，尤其是在基础知识并不深奥难懂的情况下。布丁的存在可能只能通过吃来证明，好在数学的价值可以有多种评估方式，智力深度只是其中的一种。另一个方面则与本书相关，那就是实用性。许多几乎微不足道的数学思想都被证明是非常有用的。例如，十进制记数法很绝妙、很机智、有创新，也改变了游戏规则，但它没有深度，小孩子也能理解。

模糊逻辑和模糊集合理论可能不符合深度标准，至少和黎曼猜想或费马大定理相比是这样的。但事实证明它们确实非常有用。当我们不能完全确定观察到的信息是否准确时，它们就能发挥作用。如今，模糊数学被广泛应用于语言学、决策判断、数据分析和生物信息学等各个领域。当它比其他方法更有效时，我们就会用它；

当它帮不上忙时，我们可以很放心地无视它。

我不想深入讨论模糊集合理论的细节，这对领会我们的第二个项目来说不是必需的。我们尝试了好几种方法来预测盘簧机在什么时候会生产出次品弹簧，从而相应地调整机器。其中的一种方法在业内被称为高木—菅野模糊标识模型，该模型以工程师高木智弘和菅野道夫[1]的名字命名。对模糊数学的精确形式主义而言，它实现了自身就是模糊的规则系统。在这种情况下，规则采取的

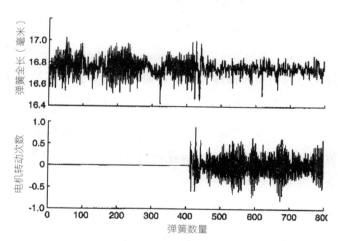

打开模糊自校正控制器后的影响。从左到右为弹簧的数量。上图：测量的弹簧长度。下图：控制器的活动情况，由控制器电机的转动次数来衡量。当弹簧数量为 1—400 时未打开控制器，弹簧长度的变异性很大。当弹簧数量为 401—800 时，打开控制器后进行盘圈，其变异性明显更小

形式是"如果测量当前弹簧的长度是 X(它一定是模糊的)，那么用 Y 来调整盘簧机"。这些规则考虑了预调整，同时估计了不同线缆的材料特性、机床的磨损等引起的扰动。所有的数据都是模糊的，采取的行动也是如此；数学形式主义在一刻不停地自动调整着盘簧机。

我们在板带金属项目中尝试了三种不同的控制方法。首先，我们在关闭控制系统的情况下运行机器，从而建立一个基线，以此判断其他控制系统的有效性；此时获得的数据也有助于估计数学模型中的各种参数。接下来，我们用积分控制器控制机器的运行，这种控制器用某个固定的数学公式基于当前情况来预测接下来如何调整。最后，我们使用模糊自校正控制器，它根据测得的弹簧长度灵活微调自己的规则。当我们用碳素钢丝时，弹簧长度的标准差（衡量可变程度的量）在无控制时是 0.077，在积分控制时是 0.065，而在模糊自校正控制时为 0.039。所以模糊逻辑方法效果最好，它能让可变性减半。

*

数学的另一个基本原则是，一旦找到了管用的东西，就会把它往死里用。某个已被证实有价值的概念，往往可以在相关但不相同的情况下被加以利用。我们的第三个项目（也是 DYNACON 的一部分）回归到了 FRACMAT，但我们修改了测试设备，以适应一个类似于弹簧制造，但使用的材料是金属板带而不是线缆的行业。

几乎可以肯定的是，你家里会有金属板带工业生产的产品。在英国，每个电插头都有一个由铜夹固定的保险丝，这些夹子是由既薄又窄的大铜带卷做出来的。机器将金属板带送入一系列机械工具中，这些工具大致围成一个圆，它们都指向板带所经过的中心。各种工具会在板带上以特定的角度和位置进行一次弯曲、冲孔或是其他必要的操作。最后，一个切割工具会把做好的夹子切下来，放到一个容器里。一台标准的设备每秒可以制造出 10 个以上的夹子。

同样的工艺也被用来制作各种各样的金属小物件。有一家英国公司专门生产支撑吊顶的夹子，每天可以生产几十万个。就像弹簧制造商在评估线缆能否卷出弹簧时遇到了问题一样，夹子制造商在评估给定的板带样本能否按预期方式弯曲时，也遇到了麻烦。问题的根源是类似的——顺着板带方向的材料特性（如塑性）是否是变化的。因此，在金属板带上同样尝试滑动窗重建方法似乎也是合理的。

然而，强行把金属板带做成线圈是不明智的。要做出这种错误的形状很容易，而盘圈几乎和夹子不沾边。关键的量是在给定的力的作用下板带的弯曲程度。所以，我们在深思熟虑之后，重新设计了测试机，并给出了一些更简单的结果。将板带传送到三个辊子之间，用中间的辊子使其弯曲。然后让中间的辊子在硬弹簧上移动一点，从而测量板带在辊子下面通过时，辊子移动了多远。板带先弯曲再变平之后，测量使它弯曲所需的力。如果板带的塑性在其长度方向上有变化，那么这个力也会变化。

我们现在获得的力的测量值是连续的，不再是用激光千分尺测量线圈间距得到的离散数据。该机器还可以测量表面摩擦，这被证明对产品的质量影响很大。不过，它们在数据分析方面基本上是相同的。这台测试机比FRACMAT更小，造起来也更简单，并且还有一个额外的好处——其测试是非破坏性的，板带会回到其初始状态，还能用来造你想要的东西。

*

我们从中学到了什么呢？

我们可能为线缆和弹簧行业节约了很多钱，所以我们学到了这样的数学数据分析是有价值的。在某种程度上，仅仅是 FRACMAT 就说服了线缆制造商改进他们的生产工艺，而这反过来也帮助了弹簧制造商。测试机如今仍在使用，弹簧技术研究所继续作为许多小公司的公共资源，为它们做测试。

我们认识到，即使数据不是由干净整齐、严格遵循数学定义的混沌系统动态生成的，滑动窗重建技术也可以是有效的。线缆的材料属性在技术意义上是混沌的吗？我们不知道。我们不需要知道如何创造出新的测试工艺和机器。数学方法并不仅仅局限于它们最初发展的特定环境，它们是可移植的。

我们还认识到，有时你试图将一种技巧移植到某个新情况中，发现它并没能发挥作用，然后你不得不尝试一些不同的方法，比如模糊逻辑。我们会发现，有时候这种移植非常有效。在某些方面，它会比初次尝试更好。我们的金属板带加工机器也可以应用到线缆领域，而且它是无损的。

最重要的是，我们认识到，当一个由不同专业背景的人组成的团队共同面对同一个问题时，他们能够以单个团队无法独自完成的方式解决问题。随着人类进入 21世纪，无论是在社会还是技术层面，我们都要去面对一些相互影响的新问题，这是非常重要的一课。

相信我，我只是一个变换

一个病人第一次去看医生。

"你来找我之前跟谁商量过？"医生问。

"村里的药剂师。"

"那个笨蛋给了你什么愚蠢的忠告？"

"他叫我来找您。"

——无名氏

作者得出这些方程的方式不可谓不困难，他对这些方程进行积分的分析不仅在普遍性方面，就连严密性方面仍有待提高。

——约瑟夫·傅里叶在1811年

巴黎学院数学奖上的报告

如今，去医院经常要做扫描。扫描的种类有很多：磁共振成像、PET扫描、超声波……有些能实时显示运动图像,有些则利用计算机技术（即数学）给出三维图像。这些科技奇迹最显著的特点是，它们能显示出你身体内正在发生的状况。就在不久以前，这还被认为是一种魔法——现在看来依然如此。

在以前，也就是在1895年以前的任何时候，医生都必须凭自己的感觉来诊断病人的病因。他们可以通过触摸身体来了解一些内脏的形状、大小和位置；他们可以听到心跳，感受脉搏；他们可以测量体温、嗅觉、触觉和味觉。但要是想知道人体内部到底是什么样的，唯一的办法就是把它切开。有时候，他们不能这样做，因为宗教教宗往往禁止这种解剖，尽管这在战场上很常见，也尽管此时这种行为并没有任何医学目的。同样是这些教宗，倘若解剖是用来对付不同信仰的人，他们又往往会赞成这种行径。

1895年12月22日，一个新的时代拉开了帷幕，德国物理学教授威廉·伦琴为他妻子的手拍了一张照片，获得了一张她手指骨骼的照片。照片是黑白的，就像当时几乎所有的照片一样，而且相当模糊，但这种能看到活体内部的能力是前所未有的。伦琴的妻子很不以为然。

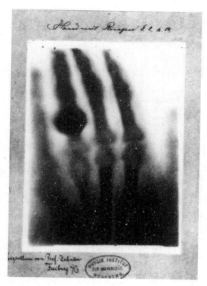

伦琴妻子的手的 X 射线片

在看到自己手掌骨骼的照片后，她说道："我看到了我的死亡。"

伦琴的发现纯属偶然。1785 年，一位名叫威廉·摩根的精算师做了一些实验，他让电流通过半真空玻璃管，这产生了一种能在黑暗中被看见的微弱辉光，于是他把这个结果提交给伦敦皇家学会。到 1869 年时，物理学家在当时流行的放电管领域做实验时，发现了一种奇怪的新型辐射，这种辐射被称为阴极射线，因为它们是由管子的阴极（负极）发出的。1893年，物理学教授费尔南多·桑福德发表了一篇关于"电子摄影"的文章。他做了一根管子，其中的一端是有一个洞的薄铝片。当电流接通时，产生微弱辉光的物质会通过小孔，打在感光板上，并生成小孔的形状。媒体报道了他的发现，《旧金山观察家报》用的标题是：《没有镜头和光，用底片和被摄物在黑暗中拍摄的照片》。这使人着迷，令人困惑，而且看起来没什么用，但物理学家对此很感兴趣，并一直试图弄明白这是怎么回事。

伦琴意识到这种奇怪的光是某种形式的辐射，它类似于光，但不可见。他将其命名为X射线，在悠久的历史中，"X"表示该事物的性质未知。显然，他偶然发现了这些射线可以穿过纸板（但我们无法确定，因为他的笔记没能保存下来）。这让他很想马上知道它们还能穿过什么别的东西。薄铝片是不可以的，因为照片上只有那个洞。书籍可以，科学论文可以，当然还有他妻子的手。X射线为我们打开了一扇窗，让我们能前所未有地透视人体。伦琴随即发现X射线具有医疗潜力，媒体也跟着进行了宣传。1896年，《科学》杂志发表了23篇关于X射线的论文，同年，一共有一千多篇以X射线为主题的科学论文。

人们很快发现，尽管X射线没有造成明显的损伤，但长期或反复地暴露在 X 射线下会导致皮肤烧伤和头发脱落。有这样一个案例，某个头部中枪的孩子被带到范德堡大学的实验室，约翰·丹尼尔为其拍摄了一张曝光时间长达一小时的 X 射线片。三周后，他发现孩子的头盖骨上有一块秃斑，那正是放 X 射线管的地方。尽管有这样的例证，许多医生仍然相信 X 射线是安全的，并将这种损害归咎于紫外线照射或臭氧，直到美国放射技师伊丽莎白·弗莱施曼在 1905 年死于 X 射线引起的并发症。如今，X 射线仍被用于医疗，但人们用起来更加谨慎，并且采用了更好的摄影底片以减少暴露时间。人们意识到，尽管 X 射线很有用，但总辐射剂量必须尽可能少。这个认识并非一蹴而就。在 20 世纪 50 年代，那时我大约十岁，我记得鞋店就有 X 射线机，你可以在试鞋的时候，用它看看鞋子是否合脚。

X 射线片有许多缺点。它们是黑白的，X 射线无法穿透黑色的区域，它只能穿透白色的，以及介于两者之间的灰色区域。不过，照相底片制作起来通常更简单，故而更常见的情况正好相反——底片上的骨骼清晰可见，而软组织基本看不见。但最严重的问题在于图像是二维的。实际上，它把内部情况压扁了，所有器官的图像都被叠加在 X 射线源和感光板之间。当然，你可以试着从其他方向再拍一些 X 射线片，但解释这些照片需要一定的技巧和经验，而且额外的照片也使辐射剂量变大。

如果有一种方法可以将身体内部的情况在三维空间上成像，那岂不是更好吗？

*

实际上，数学家在这个问题上早已有过一些基本发现，如果从不同的方向获取了很多二维"平面"图像，人们就可以推断出这些图像的三维结构。然而，他们起初并非为了 X 射线和医学做研究。他们只是为了继续对一种方法做研究，而这种方法原本是为了解决波和热流问题发明的。

整个故事群星荟萃。其中有伽利略，他做了球体在斜坡上运动的实验，并观察到球体在某一特定时刻的位移遵循一个简单而又美妙的数学规律。故事里还有发现了行星运动深层规律的牛顿，他从受力物体系统运动的数学方程里推导出两个规律。在他不朽的《自然哲学的数学原理》（即通常所说的《原理》）中，牛顿选择用古典几何来解释他的思想，但关于这些思想"最简洁的"数学公式则来自他的另一项发现——微积分，而戈特弗里德·威廉·莱布尼茨也独立发现了它。于是，牛顿意识到，基本的自然定律可以用微分方程来表达，这类方程是重要的计量随时间变化的速率的方程。因此，速度是位移的变化率，加速度是速度的变化率。

当用加速度表示时，伽利略的规律是最简单的：一个滚动的球体以恒定的加速度运动。因此它的速度以一个恒定的速率增长，这种增长也被称为线性增长。球体的位置由不断增加的速度决定，这意味着如果它以静止的零时刻开始，其位移与所经历的时间的平方成正比。牛顿把这个结论与另一个简单的定律（即引力与距离的平方成反比）结合在一起，推导出行星沿椭圆轨道运行，从而解释了约翰内斯·开普勒在很早以前提出的经验性推论。

欧洲大陆的数学家抓住了这些发现，并将微分方程应用于广泛的物理现象。水波和声波由波动方程决定，而电和磁也有它们自己的方程，这类方程很像引力方程。这些方程中有许多是偏微分方程，它们将空间和时间的变化率联系在一起。1812年，法国科学院宣布年度获奖问题和热流有关。热的物体在冷却时，热量会沿着传导它的介质流动，这就是为什么炖锅的金属把手可以在烹饪时变得很热。科学院想得到关于这类情况是如何发生的数学描述，偏微分方程看起来比较管用，因为热量分布在时间和空间上都是变化的。

1807年，约瑟夫·傅里叶给科学院寄去了一篇关于热流的论文，但被拒稿了。这项新的挑战激发傅里叶发展了他的热流偏微分方程，最终帮他赢得了奖项。他的"热传导方程"以数学形式表示，某一特定位置的热量会随着时间的推移，扩散到邻近的空间区域，就像吸墨纸上的一滴墨水。

傅里叶开始解决的最简单例子是金属棒导热，在他求解方程时，麻烦出现了。他发现如果初始的热量分布像三角函数中的正弦或余弦曲线，方程就会有简单的解。然后他又发现，通过将大量的正弦和余弦曲线组合在一起，他便可以处理更加复杂的初始状态。他甚至找到了一个精确描述每项有多少"贡献"的微积分计算式，将这个描述初始热量分布的计算式乘以相关的正弦或余弦，然后积分。这让他大胆断言：他的计算式（现在被称为傅里叶级数）能解决所有初始热分布的情况。他还特别声明，这种方法适用于不连续的热分布（例如方波）在这种情况下，导热棒的两半分别有两种恒定的温度。

这一主张让他陷入了一场持续几十年的争论之中。同样的问题，同样的积分公式，都曾出现在欧拉和伯努利

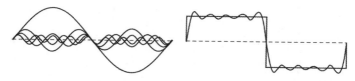

如何从正弦和余弦波得到方波。左图：分量正弦波。右图：用傅里叶级数的前五项之和得到的近似方波。额外的项（图上未显示）可以改进近似

对波动方程的研究中。在这里，信手拈来的标准例子是一根理想的小提琴琴弦，如果琴弦不连续（断了），它是振动不起来的。所以物理直觉告诉我们，在表示不连续函数时可能会有问题，而数学直觉也支持这一点：三角级数是否收敛是不确定的。也就是说，对无穷多个正弦波求和是否有意义？如果有，那么它加起来是不连续的方波，还是别的什么？

我无意贬低谁，这里的部分原因在于，傅里叶像物理学家一样思考，而他的批评者却站在数学家的立场上。从物理上讲，方波可以作为一种热模型。金属棒被理想化成一段线——这正是欧拉和伯努利理想化小提琴琴弦的方式。如果热量沿这条线段的一半是恒定的，而在另一半温度马上就低了很多，那么自然模型就是方波。

这两种模型都不能完全准确地反映现实，但当时力学讨论的都是理想的对象，比如质点、完全弹性碰撞、无

限细的完全刚性杆，等等。在这些人的脑中，方波并不奇怪。此外，在数学上，傅里叶的解预言了不连续点因扩散而直接变得平滑，成为一条陡峭但慢慢变平的连续曲线，这在物理上是有意义的，它消除了数学上的不连续点。不幸的是，这些论证太过模糊，无法说服数学家，他们知道无穷级数很微妙也很麻烦。科学院的官员们最终协商一致，傅里叶得了奖，但他的研究报告不予发表。

不屈不挠的傅里叶于 1822 年发表了他的著作《热的分析理论》（*Théorie analytique de la chaleur*）。然后，真正惹怒众人的是，他设法让自己成为科学院秘书，并迅速在科学院的期刊上原封不动地发表了他最初获奖的研究成果。干得漂亮！

人们用了大约一个世纪的时间来解决傅里叶的观点所引发的数学问题。总体而言，他在很多事情上是对的，但在某些关键点上错了。通过对不连续点处做出一些细致的调整，他的方法确实适用于方波。但对于更复杂的初始分布而言，则发挥不了作用。只有在数学家发展出更通用的积分概念，并且用集合理论对拓扑概念做出最佳表述后，这个问题才被完整地解决。

早在数学界最终搞清楚傅里叶的工作之前，工程师就领会了其中的基本思想，并把它们吸收成自己的东西。

他们意识到这项工作的本质是一种如今被称为傅里叶变换的数学变换，在这种变换中，一个随时间变化的复信号可以被重新表示为不同频率的简单信号的组合。傅里叶积分公式告诉我们如何把视角从时域变换到频域，然后再变回来——很显然，它们的计算式几乎相同，这使得两种表示具有"对偶性"。

这种对偶性意味着可以做反向变换，即从它产生的频率中恢复出原始信号，就如同把一枚硬币从正面翻成背面，然后再翻回去。这种方法在工程上的优点在于，某些在时域上难以检测的特征在频域上会变得明显。当然这也可以反过来用，因此可以有两种完全不同的方法来分析相同的数据，而每一种方法都能轻而易举地分析出另一种方法所忽略的特征。

例如，高层建筑对地震的反应在时域上看起来随机而又混乱，但在频域上，就可能会在特定的频率上看到几个较大的峰值，它们表示建筑物对地震具有强烈反应的共振频率。为了使建筑物在地震发生时不会倒塌，设计它们时就需要抑制那些特定的频率。在某些建筑中，实用的解决方案是在混凝土地基上建造整栋大厦，地基下面是可以侧向移动的，人们可以通过用非常重的东西或是弹簧来"抑制"这种侧向运动。

另一个应用可以追溯到弗朗西斯·克里克和詹姆斯·沃森对 DNA 结构的发现。证明他们正确的一项关键证据是 DNA 晶体的 X 射线衍射照片。这种技术让一束 X 射线穿过晶体，从而使光线弯曲和反射，这种情况被称为衍射。根据劳伦斯和威廉·布拉格衍射定律，这些波倾向于以特定的角度聚集，在照片上表示为复杂的点的几何排列。这个衍射图案本质上是 DNA 分子里的原子位置的傅里叶变换。只要用逆变换（这是一种复杂的计算机计算方法，现在比以前容易得多）就可以推断出分子的形状。于是，就像我刚刚说的，变换有时会让在原始数据中难以发现的结构特征变得明显。在这个例子里，根据在其他 X 射线衍射图像中取得的经验，克里克和沃森在没有做逆变换计算的情况下，马上就发现分子是某种螺旋；加之一些别的想法使这个观点得到了进一步完善，从而催生出了著名的双螺旋结构，人们后来用傅里叶变换证实了这一点。

这只是傅里叶变换的诸多应用案例中的两个实际应用。其他的应用还有改善无线电接收，消除旧黑胶唱片上因划痕而产生的噪声，提高潜艇声呐系统的性能和灵敏度，以及设法在汽车设计阶段消除讨厌的振动。

你会发现，所有这些都与热量的流动无关。这就是出人意料的效果。重要的不是对问题的物理解释——尽管这很可能会影响最初的工作——而是它的数学结构。同样的方法适用于具有相同或类似结构的任何问题，这就是和扫描仪有关的地方。

数学家也对傅里叶变换产生了兴趣，他们用函数语言对它重新做了定义。函数是将一个数转换成另一个数的数学规则，如"求平方根"或"求立方根"。所有传统函数，如多项式、根、指数、对数和三角函数里的正弦、余弦、正切等，都包含在内，但也可以是不用计算式表达的那些更复杂的"规则"，如给傅里叶带来大麻烦的方波。

从这个角度来看，傅里叶变换输入的是一种类型的函数（原始信号），然后它将其变换为另一种类型的函数（频率列表）。它还有逆变换，可以使其还原。逆变换的对偶性，即变换与逆变换本身几乎相同，是一个很好的优点。正确的说法是，具有特定属性的函数的空间——函数空间。量子理论中使用的希尔伯特空间（第六章）是函数空间，其中函数的值是复数，它们的数学形式与傅里叶变换关系密切。

所有从事研究的数学家都有很强的本能反应。如果有人提出的新想法值得关注并且很有用，他们就会马上开始思考：在不同的情况下用相同的技巧，是否还有其他类似的东西？还有其他和傅里叶变换类似的变换吗？或者别的对偶性？纯粹数学家按自己抽象化和一般化的方式来研究这些问题，而应用数学家（还包括工程师、物理学家等各式各样的人）则开始思考如何运用这些东西。就此而言，傅里叶以其巧妙的技巧拉开了整个变换和对偶性舞台的序幕，即使到今天也没有完全结束。

*

在这些傅里叶变换的变体中，有一种为现代医学扫描技术打开了大门，它的发明者是约翰·拉东。1887年，拉东出生于杰钦，该地当时属于奥匈帝国的波希米亚地区，如今属捷克共和国。据人们说，他是一个待人友善、风度翩翩、文静而博学的人。即便如此，他并不害羞，社交也没什么问题。像许多学者专家一样，他热爱音乐，在广播和电视出现之前，人们经常通过家庭聚会来娱乐。拉东的小提琴演奏水平很高，同时也是个出色的歌手。作为一名数学家，他最初研究的是变分法，他的博士论文做的就是这个，于是他很自然地踏入了泛函分析这一新兴而又发展迅速的领域。该领域是由斯特凡·巴拿赫引领的波兰数学家创立的，它通过无限维函数空间重新解释了经典分析理论里的关键思想。

在早期的分析领域，数学家专注于计算函数的导数、变化率、积分以及图形下的面积。随着泛函分析的发展，人们的注意力开始集中到微分和积分运算的一般性质上，并研究各种复合函数的状况。如果将两个函数复合起来，它们的积分会发生什么情况？函数的特殊性质开始不断涌现：它们是连续（没有跳跃）的吗？它们是可微（平滑变化）的吗？它们是可积（能计算面积）的吗？这些性质彼此有什么联系？该如何求某个函数序列的极限，求其无穷级数之和呢？这项极限或和又属于哪种呢？

巴拿赫和他的同事用术语"泛函数"来表示这类更一般化的问题。就像函数把一个数变成另一个数一样，泛函数把一个函数变成一个数或者另一个函数，就像"求积分"和"求微分"一样。波兰数学家和其他一些人发现了一项很了不起的技巧，那就是可以把关于数的函数的定理，变成关于函数的泛函数的定理。由此得到的结论可能是对的，也可能是错的，关键在于其中的规律。这个想法引起了人们的注意，因为相当普通的函数定理似乎变成了深刻的泛函定理，而前者简单的证明经常可以用于后者。另一项技巧则是可以忽略所有诸如正弦、对数等复杂计算式的积分的技术问题，从而重新思考一些基本问题。分析的核心究竟是什么？分析的最基本特征是两个数之间的距离有多近，这可以通过它们的差值来衡量（需按差值为正的顺序来衡量）。如果函数的输入数之间的距离微小，而输出结果之间的距离也是微乎其微的，那么这种函数是连续的。要求函数的导数，只需将变量增加一点点，然后看函数是如何随着这一小部分的增加而变化的。为了实现对函数的类似操作，就需要定义两个函数之间的距离。定义的方法有很多种。可以是检查它们在任意给定点的值之间的差，并使其变小（对于所有点），也可以让这个差的积分很小。每一种方法都会构造出一个不同的"函数空间"，在这个空间里，包含了所有具有特定属性的函数，并配备相关的"度量"或"范数"。数和函数类似，函数空间相当于实数集或复数集，泛函数是把一个函数空间中的函数转化为另一个函数空间中的函数的规则。傅里叶变换是一个特别重要的泛函数，它把一个函数转化成其傅里叶系数序列。逆变换则相反，它将系数序列转化成函数。

　　基于这个观点，大量的经典分析一下子合在一起，成了泛函分析。一个或多个实变或复变函数可以被看作是在某个简单的空间（实数集、复数集，或是由这些数的数列构成的有限维向量空间）上的相当简单的泛函数。三元函数就是定义在所有实数三元空间上的（泛）函数。而那些更深奥的泛函数，比如"积分"，则是定义在（比方说）从三维空间到实数的所有连续函数的空间上，其度量是"相关的两个函数值的差的平方的总和"。它们主要的区别在于空间：实数和三维空间是有限维的，但所有连续函数的空间是无限维的。泛函分析与常规分析一样，只不过前者的空间是无限维的。

在这一时期，还有一项重大创新也很好地适配了这种结构：亨利·勒贝格提出了一种更一般化、更易于处理的新型积分理论，即"测度论"。测度是一种类似于面积或体积的量，它将一个数分配给某个空间里的一个点集。而这个集合可以非常复杂，以至于有些集合复杂到连勒贝格的测度概念都无法适用。

若你发现变分的计算与寻找具有最优性质的函数（而不是数）有关时，就会发现它也像是一种"泛函数"，而这种计算正是拉东论文的主题。因此，从经典的变分学延伸到泛函分析是很自然的。他做得很好，在测度论和泛函分析中，有好几个重要的思想和定理都以他的名字命名。

其中包括他在 1917 年发现的拉东变换。从泛函分析的角度来看，拉东变换是傅里叶变换在数学上的近亲。

就平面上的图像而言，它被认为是一张黑白图片，其中各块区域有不同的灰度。各灰度可以用从 0（黑色）到 1（白色）的实数表示。人们可以在任何方向将图像压缩，并将代表亮区和暗区的数相加，从而得到图像的投影。拉东变换从各个方向捕获所有这些被压缩的投影。真正重要的思想是逆变换，它可以从这些投影中重建原始图像。

据我所知，拉东研究这个变换纯粹是出于数学原因。他关于变换的论文没有提及任何应用；最接近应用的是他简单地提到其与数学物理的关系，特别是势能理论，这种理论是电、磁和引力的共同基础。他似乎更专注于数学和可能的泛化。此后，他还研究过三维模拟，在这种模拟中，空间里的明暗分布被压缩到任意平面，需要为这样的操作找到重建公式。后来，别人又发现了如何泛化到更高维度。拉东可能是受 X 射线启发，它对人体器官和骨骼的分布进行精确的投影，将"明"和"暗"解释为 X 射线的不同穿透程度。但过了一个世纪，他的发现才在那些在探测人体内部方面有着神奇能力的设备上得到应用。

*

CAT（计算机辅助断层摄影术）扫描仪——现在通常被称为 CT（计算机断层摄影术）扫描仪——用 X 射线创建人体内部的三维图像。扫描数据存储在计算机中，通过操作可以显示出骨骼和肌肉，或者定位癌变肿瘤。其他类型的扫描仪（如超声波），也得到了广泛使用。扫描仪怎么能在不切开身体的情况下查明身体里的情况呢？我们都知道，X 射线很容易穿透软组织，但无法穿透骨骼等较硬的组织。但 X 射线生成的图像只是从某个固定的方向观察组织的平均密度。如何将其转化为三维图像呢？拉东在论文的开头就提到他已经解决了这个问题：

当我们沿着任意直线 g，对一个具有正则性的平面二元点函数 $f(P)$ 做积分时，可以得到线函数的积分值 $F(g)$。在本文的 A 部分中，解决了这个线性泛函变换的反演问题，也就是回答了：每个满足适当正则性的线函数是否都能得到重构？如果是，从 F 推导出的 f 是唯一的吗？f 又是如何计算的呢？

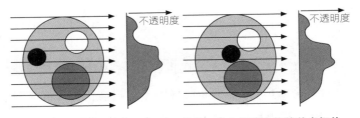

区域越暗，它就越不透明。左图：从单一方向扫描身体的单个切片，只能得到从该方向上观察到的 X 射线不透明度图像。右图：不同的内部排列得到了相同的图片

他的答案（即反拉东变换）是一个计算式，它可以从各个方向的一整套投影中重建组织的内部情况——更准确地说，是这些组织对 X 射线的不透明度。

为了了解其中的工作原理，我们先说说一次身体扫描（投影）可以观察到什么。这类扫描是在穿过人体的二维切片上进行的。这张图片显示了平行 X 射线束穿过身体的切片示意图，其中包含了若干种内部器官，它们对 X 射线的透明度是不同的。当射线束穿过这些器官时，从另一边射出的射线强度是不同的。对特定的射线束而言，器官越不透明，出现的强度就越低。我们可以用图表示观察到的强度随射线束位置而变化情况。

实际上，单单这样一张图像是沿射线束方向将人体内部压平了的灰度分布。从技术上讲，它是该方向上分

布的投影。很显然，这种单一的投影并不能告诉我们器官是如何排列的。例如，如果我们将黑色的器官沿着射线束的方向移动，投影不会改变。然而，如果我们沿着垂直方向再做一次扫描，黑色圆盘就会因其位置改变而对不透明度图像产生明显影像。只要每次扫描的方向较前一次稍作旋转，通过进行一系列扫描，直至从众多方向观察过身体后，我们就可以直观地获得更多关于器官和组织所在位置的信息。但是，这些信息是否足以让我们准确地找到那些组织的位置呢？

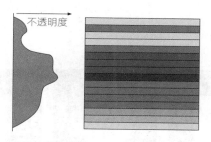

沿着 X 射线束的方向，将不透明度图像
转换为一系列灰度条纹

拉东证明，如果知道了从所有可能的方向观察到的身体切片不透明度图片，就可以精确地推断出组织和器官的二维灰度分布。事实上，有一种非常简单的方法可以实现这一点，那就是反向投影。这样，沿着投影的方向，就会将灰度分布均匀地抹去，从而得到一个灰色条纹的正方形区域。图形越高，对应的条纹越暗。我们只是在条纹上均匀地染上灰色，因为我们不能从投影中看出特定的内脏器官究竟在哪里。

我们可以在每个方向都对原始的扫描序列这样做。拉东的反演公式告诉我们，当所有这些倾斜到相应角度的条纹图像叠加时，我们将它们在每个点的灰度值相加，经过适当缩放后，可以重建出内部器官的原始分布。下图展示了一个正方形原始图形是如何通过反向投影，分别从 5 个和 100 个不同的角度重建的。使用的方向越多，效果就越好。

左图：原始的正方形。中图：从 5 个方向重建的反向投影。右图：从 100 个方向重建的反向投影

一旦在单个切片上重建了组织的分布，接下来就是沿着身体稍稍移动一段距离后，再做同样的事情。如此

反复，就像把切片面包切开一样，我们的身体也被"切开"。然后，我们可以用计算机把这些切片重新"叠"起来，最终呈现出完整的组织三维分布。这种通过一系列二维切片构建三维结构的方法被称为断层摄影术，长久以来，它一直被显微镜工作者用来观察诸如昆虫或植物等立体物的内部。这种技术基本上就是将物体嵌在蜡里，然后用类似微型培根切片机的设备将其切成非常薄的薄片。这种设备被称为 microtome，它源于希腊语的 mikros（小）和 temnein（切割）。CT 扫描仪用的也是这种方法，只不过切片时用的是 X 射线和数学技巧。

此后，对三维数据进行后处理并提供各种相关信息就成了常规数学技术。人们可以在完全不同的切片上看到组织的样子，或者只显示某种类型的组织，又或者某种色标的肌肉、器官和骨骼，并且想怎么看就怎么看。而用到的主要工具是标准的图像处理方法，它们最终都依赖于三维坐标几何。

实际上，事情并没有那么简单。扫描仪并不是从连续的不同方向进行无限次扫描，它们是从间隔很密的离散方向进行数量很多但总数有限的扫描。为了这个，数学必须加以修正。它需要过滤数据，以避免因离散视角构造出伪成像。但最基础的工作是在第一台扫描仪发明前的五十多年，由拉东做出的。1971年，英国电气工程师戈弗雷·豪恩斯菲尔德建造了第一台能实际使用的扫描仪。相关的理论是由出生于南非的美国物理学家艾伦·科马克在1956年至1957年提出的，其成果发表于1963年至1964年。当时，他并不知道拉东的成果，所以他只是计算了他自己所需的东西，但后来他无意中发现了拉东的论文，这篇论文更一般化。豪恩斯菲尔德和科马克发明的计算机辅助断层摄影术为他们赢得了1979年的诺贝尔生理学或医学奖。当时那台机器只花了300美元。如今，一台商用CT扫描仪的价格大约要150万美元。

扫描仪不仅可以用于医学。如今，古埃及文物学家在不拆开木乃伊的情况下，经常用它们来检查里面有什么。他们可以检查骨骼以及残留的内脏，探寻各种骨折和疾病的情况，发现护身符藏在哪里。博物馆经常会有虚拟的木乃伊展览，参观者可以通过触摸屏控制，先去除一层又一层的麻布绷带，接着是皮肤，再是肌肉，直到最后留下骨骼。所有这一切都依赖于计算机中的数学，其中包括三维几何、图像处理以及图形显示等方法。

还有许多其他类型的扫描仪。超声波扫描仪利用的是声波；正电子发射断层（PET）扫描仪可以检测注入人体里的放射性物质释放出的亚原子粒子；磁共振成像扫描仪（MRI）用于检测原子核中的磁效应，这种扫描仪过去被称为核磁共振（NMR），改名的原因是广告部门担心人们可能会把"核"与核弹和核电站联系起来，从而有所忌惮。每一种扫描仪都有它们自己的数学故事。

10

请微笑！

照相机的唯一作用就是摄影。

——肯·洛克威尔，《你的相机并不重要》

人类每年上传到互联网上的照片约有一万亿张，这表明人们过于乐观地评估了自己有多么热衷于看度假时的自拍、新生宝宝，或是各种别的东西（有些甚至难以启齿）。拍照又快又简单，每个人的手机都是一个照相机，而相机的设计和制造都需要用到大量的数学知识。这些尺寸小、精度高的镜头是技术上的奇迹，它们用到的与光线折射有关的数学物理知识非常复杂。在本章，我只想关注当今摄影中的图像压缩。无论是专用数码相机还是手机相机，都以二进制文件的形式存储分辨率非常高的图像。记忆卡能储存的信息似乎比它实际能储存的更多。那么，这么多高分辨率的图像是如何被存储在一个小小的计算机文件里的呢？

摄影照片含有大量冗余信息，去除这些信息并不会降低清晰度。运用数学技术，人们可以用系统化的方式精心构造方法来实现这一点。直到不久以前，在小型数码相机里用的JPEG标准一直是最常见的文件格式（目前其仍被广泛使用），该标准连续用到了五个独立的数学变换。它们涉及离散傅里叶分析、代数和编码理论。相机软件里内置了这些变换，会在数据写入存储卡之前对照片进行压缩。

当然，除非你更喜欢原始数据，这种数据从本质上讲，就是相机实际采集到的数据。记忆卡的容量增长如此之快，以至于文件压缩不再必要。但你最终得处理32MB的图像文件，而它们以前的大小只有其十分之一，而且这会使得上传到云端的时间更长。是否值得如此，取决于你是干什么的，以及拿这些照片干什么。如果你是专业人士，这或许是必不可少的。但如果你和我一样，只是一个业余人士，那么其实用一个2MB的JPEG文件，就能得到很不错的效果了。

图像压缩是通用数据压缩问题中的一个重要分支，

尽管技术上已经取得了巨大进步，但它仍然很重要。每当下一代互联网在速度上快了十倍而容量也变大很多时，某些天才就会发明出一种新的数据格式（比如超高清三维视频），这种新格式会用到比以前多得多的数据，使得我们又回到了起点。

有时我们别无选择，只能一个一个字节地从信道里抠出带宽。2004 年 1 月 4 日，有东西在火星着陆，并不断地弹起又落下。那就是火星探索漫游者 A，也叫"勇气号"，它被充气气球包裹着，就像是某种宇宙气泡膜，*以最先进的着陆方式先后弹落了 27 次。经过全面检查和各种初始化程序后，"勇气号"开始探索这颗外星球的表面，不久之后，它的同伴"机遇号"也加入了。这两个航天器取得巨大成功，并发回大量数据。当时，数学家菲利普·戴维斯就说过，该任务依赖于大量数学，但"公众几乎都没有意识到"。事实证明，没有意识到这一点的，不仅是公众。2007 年，丹麦数学研究生乌费·扬克维斯特和比约恩·托尔德博德访问了帕萨迪纳的喷气推进实验室，为了执行一项新闻任务——揭开火星探测器项目

---

* 原文为 "surrounded by inflatable balloons like some sort of cosmic bubble-wrap"，后文会用到该句。

中隐藏的数学。然而，他们听到的仅仅是：

"我们没用到什么数学。我们真的没用到抽象代数、群论之类的东西。"

这让人忧心忡忡，所以他们中的一位问道：

"在信道编码里也没用到这些吗？"

"用抽象代数？"

"里德–所罗门编码是基于伽罗瓦域的呀。"

"这个说法对我来说很新鲜。"

事实上，美国宇航局的太空任务用到了一些非常先进的数学——实际上是用数学来压缩数据并对其进码，以纠正传输中不可避免的误差。当信号发送端距离地球约 10 亿千米，而且功率仅仅相当于一个灯泡时，就必须这么做。（通过火星轨道飞行器，如火星奥德赛号或火星全球探测器，传输数据会有帮助。）大多数工程师不需要知道这些，所以他们对此一无所知。这是公众误解数学的一个缩影。

*

计算机上的所有东西，无论是一封电子邮件、一张照片、一段视频，还是一张泰勒·斯威夫特的专辑，都会以二进制数码"比特"（即 0 和 1）的形式存储在内存中。8 位比特构成一个字节，1048576 个字节构成 1 兆字节（MB），而一张普通的低分辨率照片大约占用 2MB。尽管所有的数字化数据都采用这类形式，但不同的应用程序使用的格式不同，因此数据的含义取决于应用程序。每种类型的数据都有数学结构隐藏其中，处理时的便捷性往往要比文件的大小更重要。数据采用简单的格式会使数据变得冗余，即用到的字节数比实际信息内容更多。通过消除冗余，可以使数据压缩成为可能。

书面英语（和口语）的冗余性很高。例如，下面是本章前面写过的一句话，只不过每个 5 的倍数的字符都被删去了：

surr_unde_by_nfla_able ball_ons_ike_ome_ort_f co_mic

你可能稍作猜测就能明白这句话，这些留下的信息足以复原整个词句。

话虽如此，倘若不删掉这些字母的话，句子应该更容易阅读。恰当的词汇对大脑来说更容易处理，因为这是它的本能。然而，当你想要传送一串比特数据给别人，而不是用应用程序来处理它们时，更短的 0 和 1 的序列应该是更有效的。在早年的信息论中，像克劳德·香农这样的先驱意识到，冗余让使用更少的比特编码信号成为可能。事实上，他证明了一个公式，该公式说明了在冗余量给定的情况下，编码让信号缩短的量有多少。

冗余是必不可少的，因为没有冗余的信息在不损失信息量的情况下是无法被压缩的。通过简单的计数就能证明这一点。例如，假设我们要处理一个 10 比特的消息，一共有 1024 个这样的消息，在这里不妨假设它是 1001110101。假设我们想把 10 比特数据压缩成 8 比特字符串，那么一共会有 256 个。所以消息的数量是压缩字符串的 4 倍。一个 8 比特长的字符串无法对应到所有 10 比特信息，从而让不同的 10 比特信息得到不同的 8 比特字符串。如果每个 10 比特信息出现的概率相同，那么就没什么好办法了。因为倘若有一些 10 比特消息更常见，而其他的消息不那么常见，我们就可以用一种编码，将比特数少的字符串（如 6 位的）分配给最常见的消息，将多的（如 12 位的）分配给不常见的消息。12 位的字符串有很多，所以不会不够。每出现一条这样的消息，长度就增加 2 位，但每出现一条常见的消息，长度就减少 4 位。在某些概率情况下，比特位减少字符串的会比增加的多。

编码理论是数学的一个分支，它就围绕着这种技术
发展起来。编码理论通常比我刚才讲的更精细，而且编
码通常是用抽象代数的性质定义的。我们不应该对此感
到惊讶：我们在第五章就曾说过，编码的本质是数学函数，
尤其数论函数是非常有用的。那一章的目标是保密，而
在这里则是数据压缩，不过原理是相通的。代数和结构
有关，冗余也是。

数据压缩（当然也包括图像压缩）利用冗余性构造
编码来缩短某些特定类型的数据。有时候，压缩方法是"无
损的"，在这种情况下，原始信息可以通过压缩数据精确
地恢复。而有时的压缩则是有损的，恢复出来的数据只
是原始信息的近似值。这种压缩对于银行存款来说不可
取，但对图像而言通常是没问题的，只要让近似值在人
眼看来仍然像原始图像就行。那些损失的信息从一开始
就并不那么重要。

大多数真实世界的图像有冗余。假日的照片通常会
出现大片蓝天，而这些蓝色通常是差不多的，所以很多
包含相同数据的像素都可以用两个坐标标识出矩形的对
角，同时再为这块矩形标上"将该区域涂上蓝色"的记号。
这种方法是无损的。虽然实际上并不是这样操作的，但
这说明了无损压缩的可行性。

*

我很老派。噢！也就是说，我使用的相机技术大概有10"岁"了。真不像话！我很懂科技，有时候会把手机当相机用，但这并不是本能的反应。在正式的假日旅行（比如去印度国家公园看老虎）里，我都会带上一个小型的数码相机。它会创建出名为 IMG_0209.JPG 之类的图像文件。JPG 后缀表示文件的格式是 JPEG，它是"联合摄影专家组"（Joint Photographic Experts Group）首字母的缩写，同时也表示数据压缩所使用的标准。JPEG 是一种行业标准，不过经过多年的发展，现在出现了若干种不同的技术格式。

JPEG 格式[1]至少按顺序用了五个不同的步骤，其中大多数是在压缩前一步的数据（第一步用的是原始数据），其他步骤则是重新编码以进一步压缩。数字图像是由数百万个被称为像素的小方块组成的。原始的相机数据为每个像素用比特串赋值以表示颜色和亮度，这两个量同时用红、绿、蓝三色的比例表示，三种颜色的比例越低，颜色就越浅，比例越高，颜色就越深。这些数值被转换成三个相关的数，从而使它们更符合人类大脑感知图像的方式。第一个是亮度，代表整体亮度，从黑色到越来越淡的灰色，以及最后的白色，都是用数值表示的。如果除去颜色信息，就会留下一张老式的黑白图片——实际上，它就是许多灰色阴影。另外两个数值是色度，分别是蓝色和红色之间的差异。

如果符号 R 代表红色，G 代表绿色，B 代表蓝色，那么 R、G、B 的初始值就会被亮度 R+G+B 和两种色度 (R+G+B)−B=R+G 和 (R+G+B)−R=G+B 所替代。如果知道 R+G+B、R+G 和 G+B，那就可以计算出 R、G、B，所以这一步是无损的。

第二步不是无损的。它通过粗化分辨率，从而让色度数据更小。仅这一步就可以把数据文件的大小减半。这是可以接受的，因为与相机"所见"相比，人类的视觉系统对亮度更敏感，而对颜色差异不那么敏感。

第三步是最数学化的。这个步骤用离散傅里叶变换压缩亮度信息，这个变换我们在第九章讨论医疗扫描仪时说过。在那一章，原始的傅里叶变换（将信号转换为频率分量或相反）被改造成用于表示灰度图像的投影。而在本章，我们用它在简单的数字格式中表示灰度图像本身。图像被分割成 8×8 像素的微小块状，所以每个像素有一个亮度值的话，就会有 64 种不同的亮度值。用离散余弦变换（傅里叶变换的数字化形式）表示这个 8×8 灰度图像，即把它当作 64 个标准图像块的倍数之和（如图所示）。其中的倍数就是相应标准图像块的振幅。这些图像看起来像宽度不同的条纹或棋盘。任意 8×8 的像素块都可以通过这种方式得到，所以这一步也是无损的。在像素块的坐标中，这些标准图像块是任意整数 m 和 n 的 $\cos mx \cos ny$ 的离散化形式，其中 x 和 y 分别代表水平和垂直方向，并且它们的范围都是从 0 到 7。

尽管离散傅里叶变换是无损的，但它并没有白白浪费，因为这样才使第四步成为可能。此刻，我们再次用到了人类视觉灵敏度的缺失（这是产生冗余的原因）。在很大的区域里，我们会发现图像的亮度或颜色发生变化。如果变化发生在很小的区域里，视觉系统就会将其抹平，让我们只看到平均情况。这就是为什么我们能看明白打印出来的图像，因为只要仔细查验，我们就会发现这种图像的灰色是通过白底上的黑点图案来实现的。人类视觉的这一特征意味着非常细的条纹不那么重要，因此其振幅可以用更小的精度。

第五步是一种名叫"霍夫曼编码"的技术花招，用它可以更有效地记录 64 个基本图形的振幅。1951 年，还是学生的戴维·霍夫曼发明了这种方法。他被要求写一篇关于最有效的二进制编码的学期论文，但他证明不了

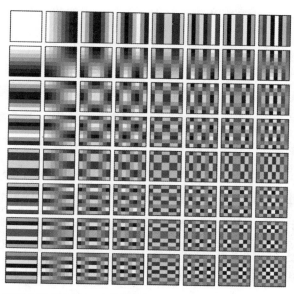

离散余弦变换的 64 个基本图形

当时的编码是最优的。就在打算放弃时，他想到了一种新方法，然后证明了它可能才是最好的方法。大致而言，问题是用二进制字符串对一组符号进行编码，然后把它作为字典，将消息转换为编码。只有这样才能使编码信息的总长度最小。

例如，用到的符号可能是字母表上的字母。这样的符号有 26 个，所以可以用一个 5 位的字符串为它们赋值，例如让 A=00001，B=00010，以此类推。一共需要 5 位，因为4位的字符串只有16种。但这种方法的效率不怎么样，因为不经常出现的字母（如Z）使用的比特数与常见的字母（如E）是一样的。最好将0或1这样的一位短字符串分配给E，并随着字母出现的概率变小，逐渐延长字符串。但是，由于编码的字符串长度不同，于是需要一些额外信息来告诉接收者如何将字符串分割成单独的字母。这可以通过识别编码后的字符串的前几位来实现，但是，编码后的字符串必须是一种前缀编码，即所有字符串都不是某个更长的字符串的前缀。如果有，就会不知道该字符串在哪里终止。在这种情况下，像Z这样不常见的字母需要更多的比特，这只是因为它不常见，而E所使用的短字符串不只是一种弥补。常规消息的总长度会变得更短。

霍夫曼编码通过构造一棵"树"来实现目标，所谓"树"是一种没有闭环的图，在计算机科学中非常常见，因为它能描绘由"是—否"决策组成的整个策略，每一次决策都依赖于前一次。树的叶子是符号A、B、C…，每个叶子有两个分支，对应于比特0和1。每个叶子都标有一个数，我们称之为叶子的权重，它表明相应符号出现的频率。整棵树是一步一步地构造出来的，将两个最不常见的叶子合并成一个新的"父"叶子，而它们自己成为

"子"叶子。赋予父叶的权重是两个子叶权重之和。持续这个过程，直到所有符号都以这种方式合并到一起。这时，通过读取通向某个符号的路径上的比特，就能得到该符号编码后的字符串。

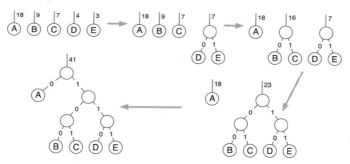

构造一组霍夫曼编码

例如，图片左上角显示了五个符号 A、B、C、D、E，而数 18、9、7、4、3 则表示它们出现的次数。首先，确定最不常见的两个符号是 D 和 E。然后，在顶部中间将它们合并，形成一个父叶（不做编号），其权重为4+3=7，此时，符号 D 和 E 成为子叶，指向它们的两个分支被标记为 0 和 1。重复这一过程，直到所有符号都被合并（如图左下角所示）。这时，通过沿着树的路径读取编码后的字符串。A 由一个标记为 0 的分支到达，B 由路径 100 到达，C 由路径 101 到达，D 由路径 110 到达，E

由路径 111 到达。请注意，最常见的符号 A 得到了一条较短的路径，而较不常见的符号的路径较长。如果我们使用固定长度的编码，将至少需要用 3 位才能得到 5 个符号，因为 2 位字符串只有 4 种。这里最长的字符串有 3 位，但最常见的字符串是 1 位的，所以平均而言，这种编码效率更高。整个过程确保了编码是一种前缀编码，因为任何通向符号的路径都会在该符号处终止，它们是不可能延续到另一个符号的。此外，通过从最不常见的符号开始，最常见的符号才能分配到最短的路径。这是一个非常聪明的想法，很容易通过编程实现，一旦弄明白之后，概念上也很简单。

当你拍下一张照片，在相机创建一个 JPEG 文件时，它内置的电子设备就会自动完成上面所有的计算。压缩过程不是无损的，但我们大多数人不会发现；退一步讲，除非经过仔细校准，计算机屏幕或纸张打印出来的颜色和亮度本身就不是百分之百正确的。将原始图像和压缩图像直接比较的话，差异会更加明显，但即使如此，当文件大小缩小到原始图像的 10% 时，仍然需要专家才能发现差异；普通人只有在压缩率降低到 3% 左右时才会注意。因此，在存储卡确定的情况下，JPEG 可以存储十倍于原始数据的图像。这五步复杂的过程，能在镜头后瞬间完成，就像魔术一样，这涉及至少五个不同的数学领域。

*

另一种源于分形几何的压缩图像方法出现在 20 世纪 80 年代末。回忆一下，分形是一种在各种尺度上都有精细结构的几何形状，比如海岸线和云层。有一个数与分形相关联，那就是分形的维数，它是一个度量分形的粗糙或曲折程度的指标。一般来说，分形维数不是整数。有一类分形很有用，在数学上也很容易处理，它们是那些自相似的分形——把它们的局部适当放大后，看起来就像整体一样。比较典型的例子是蕨类植物，它们由几十片较小的复叶组成，每片复叶看起来都像是一株微型的蕨类植物。自相似分形可以用一种叫作函数迭代系统（IFS）的数学工具来表示。它们是一组规则，告诉人们如何缩小形状构造副本，并通过移动这些副本"瓷砖"使它们拼合在一起，最终得到整体。可以根据这些规则重建分形，其中甚至还蕴含了分形维数的公式。

1987 年，痴迷于分形的数学家迈克尔·巴恩斯利发现，基于这种性质可能得到压缩图像的方法。不必用大量数据来对蕨类植物的每一个微小细节进行编码，只需将相

一种分形蕨类植物，由自身的三个变形副本组成

应的 IFS 进行编码，这样需要的数据会少得多。软件可以根据 IFS 重建蕨类植物的图像。他和艾伦·斯隆一起成立了"迭代系统公司"，该公司拥有 20 多项专利。1992 年，该公司取得突破，他们发现了一种寻找恰当的 IFS 规则的自动方法，该方法搜索图像中的小块区域，而这些较小的区域可以被看作是缩小了的较大区域。所以，它采用了更多的"瓷砖"来拼出图像。然而，这种方法非常通用，它适用于任何图像，而不仅仅是那些明显自相似的图像。出于各种原因，分形图像压缩没有如 JPEG 那样成功，但

它在一些实际场景中得到了应用。最成功的可能是《微软电子百科全书》（*Encarta*），其中所有主要的图片都采用 IFS 压缩技术。

整个 20 世纪 90 年代，该公司一直在努力尝试将这种方法扩大到视频压缩领域，但都没有成功，主要是因为当时的计算机速度还不够快，也没有足够的内存。压缩 1 分钟的视频需要 15 个小时。如今，这一切都发生了变化，在分形压缩比为 200∶1 时，每一帧视频的压缩时间大约只要 1 分钟。不过，随着计算能力的提高，其他方法也成为可能。人们目前暂时放弃了分形视频压缩，但其根本思路在一段时期内是有用的，它仍然是一种有趣的可能。

*

为了看清模糊的图像，人类有一种非常奇怪的方法，那就是眯起眼睛看。令人称奇的是，这种方法经常能帮助我们辨别出实际图片，尤其是模糊的图片，或是像素非常粗糙的计算机图像。1973 年，贝尔实验室的利昂·哈蒙为一篇关于人类感知和计算机模式识别的文章构造了一幅著名的图片，该图片由 270 个黑、白、灰方块组成。图片上的人是谁呢？如果你盯着它看，最终会依稀辨认出那是亚伯拉罕·林肯；但倘若你眯起眼睛看，它真的看起来很像林肯。

这是谁？眯起眼睛看看

　　我们都这样操作，所以知道这是可行的，但这看起来很疯狂。如何通过让视力变差来改善一幅糟糕的图片呢？部分原因是心理上的：通过眯眼，我们大脑的视觉处理系统进入了"图像糟糕的模式"，这大概会触发特殊的图像处理算法，从而实现对糟糕数据的处理。但矛盾的是，另一方面，眯眼作为预处理的一个步骤，采用了某些有用的方式来处理图像。例如，它模糊了林肯图片的像素界限，使其看起来不再像一堆灰色方块。

　　大约四十年前，数学家开始研究一种精确且通用的方法，其原理与人类眯眼大致相当，这种方法就是小波分析。

该技术既适用于数值数据，也适用于视觉图像，它最初是为了获取特定空间尺度的结构而被引入。小波分析可以检测到木材，但并不知道它是由许多复杂的树丛和灌木组成的。

最初的研究动力很大程度上源于理论需求，小波分析对于测试诸如紊流等情况的科学理论很有帮助。最近，它还取得了一些非常实际的应用。在美国，联邦调查局利用小波使存储指纹数据变得更便宜，其他国家的执法机构也纷纷效仿。小波不仅可以分析图像，还能实现压缩。

JPEG 通过丢弃与人类视觉不太相关的信息来压缩图像。然而，在信息的表示方法中，很少会明示哪些比特不重要。假设你想用电子邮件给朋友发一幅画在一张很脏的纸上的画。除了图画本身，还有很多小黑点。当我们看图画时，马上会发现小黑点是无关的，但扫描仪不能辨别。它只会逐行扫描，将图画表示成一长串黑白信号，它不能分辨任何特定的黑点是图画的主体还是无关的黑点。某些"黑点"实际上可能是远处母牛的眼球，或者是卡通花豹身上的斑点。

这里的主要问题是，扫描仪的信号无法以某种易于识别并移除无关数据的方式来表示图像数据。然而，还有其他表示数据的方法。傅里叶变换用一系列的振幅和频率代替曲线，对相同的信息采用不同的方式进行编码。当数据以不同的方式表示时，在一种表示中很难甚至是不可能的操作，在另一种表示中可能会变得很容易。例如，你可以把一通电话做傅里叶变换，然后去掉所有对人耳而言频率过高或过低的傅里叶分量。然后，再对结果进行逆变换，从而得到对人类而言听起来与原始声音完全相同的声音。这样，就可以通过同一通信通道发送更多的对话。直接在未经转换的原始信号上是不能这样做的，因为"频率"并不是原始信号的显性特征。

在某些场合，傅里叶技术有一个缺点，它有无穷多的正弦和余弦分量。傅里叶变换在表示紧凑信号方面做得很差。"脉冲"是一种简单的信号，但需要数百个正弦和余弦才能产生一个比较令人信服的脉冲。问题不在于把脉冲的形状表示正确，而是要让脉冲以外的所有东西都等于零。这就必须把长度无限的正弦和余弦波尾抵消，人们可以通过添加更多高频的正弦和余弦，尽可能地消去不必要的垃圾信号。因此，转换后的情况会比原来的脉冲信号更加复杂，对数据的需求也更多。

小波变换通过使用脉冲作为其基本分量，从而改变游戏规则。要做到这点并不容易，因为不能用任何旧有的脉冲来实现，但对于数学家而言，这种初始化很容易。

他们选择一些特定形状的脉冲作为小波基，通过将小波基横向移动到不同位置，并在不同尺度上进行扩展或压缩，可以生成子小波（以及孙小波、曾孙小波，以此类推）。为了表示更一般的函数，我们可以将这些小波在不同尺度上乘以适当的倍数后相加。同样地，傅里叶的基本正弦和余弦曲线是"正弦波基"，而所有其他频率的正弦和余弦曲线都是子正弦波。

左图：无限的正弦曲线　中图：局部化的小波　右图：三代小波

小波被设计用于有效地表示瞬态数据。而且，子小波和孙小波只是经过重新缩放的小波基，使其有可能聚焦到特定层次的细节上。如果想去掉小尺度的结构，只要删除小波变换中的所有曾孙小波就行了。想象一下，把花豹转换成小波，那么它的身体上会有一些大尺度的小波，眼睛、鼻子和斑点上的小一些，而毛发上的则更小。为了压缩数据但还要让它看起来是一只花豹，那么单根毛发就不那么重要，于是，可以去除那些曾孙小波。因为斑点还在，所以它看起来仍然像一只花豹。用傅里叶变换是无法做到这一点的。

半个多世纪前，开发小波所需的大多数数学工具就已经以抽象的形式存在，它们主要在巴拿赫的泛函分析领域中。当小波广为流传后，人们发现，要理解小波并将其开发成一种有效的技术，需要用到深奥的泛函分析机制。小波基具有良好形状是泛函分析工具得以使用的主要前提。数学家希望所有子小波在数学上独立于小波基，从而让小波基和子小波编码的信息没有重叠，而子小波也不存在冗余。用泛函分析的术语来说，小波基和子小波必须是正交的。

在 20 世纪 80 年代早期，地球物理学家让·莫莱和数学物理学家亚历山大·格罗斯曼提出了一种实用的小波基。1985 年，数学家伊夫·迈耶改进了莫莱和格罗斯曼的小波。1987 年，英格丽德·多贝西的发现为整个领域打开了局面。此前，小波基看起来像脉冲，但它们都有一条非常小的数学尾巴，一直延伸到无穷远。多贝西构造了一种完全没有尾部的小波基——在某个区间之外，它总是恰好为零。这种小波基是一个真正的脉冲，它被完全限定在有限的空间区域内。

*

　　小波是一种数值变焦透镜,它聚焦于特定空间尺度下的数据特征。这种能力可以用来分析数据,也可以用来压缩数据。通过使用小波变换,计算机"眯眼看"图像并舍弃不需要的分辨率。1993 年,联邦调查局就打算利用这一点。当时,调查局的指纹资料库有 2 亿条记录,它们以印墨的形式储存在纸卡上,同时还以数码图像的形式储存在计算机上,从而使这些记录实现现代化。这样带来的好处便是能够快速搜索与犯罪现场所发现的指纹相匹配的指纹。

　　每张指纹卡要转换成常规具有足够分辨率的图像,就要创建一个大小为 10 兆字节的计算机文件。联邦调查局的档案总共消耗了 2000 太字节(TB)的存储空间。由于每天至少会增加 3 万张新的指纹卡,因此存储量每天还会以 2.4TB 的速度增长。调查局对数据压缩的需求非常迫切。他们尝试了 JPEG 格式,但当"压缩比"(原始数据与压缩数据的比例)变得很高(大约为 10∶1)时,JPEG 格式的指纹(不像假日里的快照)会变得毫无用处。这时,由于分割成 8×8 个小块而留下了边界标记的"块效应"会使未压缩的图像满足不了需求。于是,这种方法对调查局而言派不上用处，因为它无法做到 10：1 以上的压缩比。块效应不只是一个美学问题，它还会严重损害算法搜索匹配指纹的能力。另一种基于傅里叶的方法也带来了令人不满的人工干扰，所有这些的根源，都是因为傅里叶正弦和余弦的"尾巴"是无穷的。因此，联邦调查局的汤姆·霍珀、洛斯阿拉莫斯国家实验室的乔纳森·布拉德利和克里斯·布里斯劳恩决定用小波／标量量化方法（WSQ）对数字指纹记录进行编码。

WSQ 并非通过创建块效应来消除冗余信息，而是去除整个图像的精细细节——那些与眼睛识别指纹结构无关的细节。在联邦调查局的试验中，三种不同的小波方法都优于 JPEG 等两种傅里叶方法。总体而言，WSQ 是最合适的。它的压缩比至少能达到 15：1，降低了 93% 的存储成本。如今，WSQ 是指纹图像交换和存储的标准。

指纹。左图：原始图像。右图：数据压缩到原先的 1/26 后的图像

大多数美国执法机构用它来压缩 500 像素 / 英寸的指纹图像。对于需要更高分辨率的指纹，他们还是采用 JPEG 格式。[2]

小波几乎无处不在。丹尼斯·希利的团队已经将基于小波的图像增强方法应用于 CT、PET 和 MRI 扫描，他们还利用小波改进扫描仪首先获取数据的策略。罗纳德·夸夫曼和维克多·威克豪泽曾用它们去除录音里无用的噪声。他们在约翰内斯·勃拉姆斯演奏的他自己写的匈牙利舞曲上取得了成功，这首舞曲最初于 1889 年录制在一个蜡筒上，并有部分损坏。舞曲被重新录制到一张 78 转的唱片上。夸夫曼通过无线电广播了这张唱片，重制后的音乐几乎听不到什么噪声。经过小波清理，你可以听到勃拉姆斯的演奏，虽然它并不完美，但是可以听出来。

40 年前，泛函分析只是抽象数学中的又一个神秘领域，其应用主要集中在理论物理。小波的到来改变了这一切。如今，泛函分析为开发具有特殊特征的新型小波提供了必要的基础，使它们得以在应用科学和技术中发挥重要作用。今天，小波对我们所有人的生活（诸如预防犯罪、医学和下一代数字音乐等方面）产生着看不见的影响。明天，它们还会占领整个世界。

11

我们快到了吗？

千里之行，始于足下。

——老子，《道德经》

每位开车的家长也许都经历过这样的场景。一家人要出发去看望祖母，距离目的地大致有三百英里，要开车约六小时。孩子们坐在车后排。在车开了半小时后，身后便传来哀叫："我们快到了吗？"

在大西洋彼岸的表亲或许会有不同意见，他们似乎觉得孩子们会说："我们到了吗？"毫无疑问，在美国的确如此，但它却不应该如此，因为后者的说法显然是出于某些误解。因为它的答案总是毫无疑问的：要么我们到了，这样问就是多余的；要么还没到，问了也没有意义。实际情况是，在所有长途旅行中，当孩子们不耐烦时，好心的（也可能是生气的）父母会安慰他们说："快到了"——即便还有五个小时车程。这会让孩子们消停一会儿。不管怎样，在经历过几次后，孩子们会开始流露出带有绝望而非希望的温柔暗示："我们真的快到了吗？"这是一个聪明的问题，因为光看窗外是辨别不出来的。当然，除非认出一些地标。我们有一只猫就行。

我们快到了吗？我们在哪里？在 20 年前，人们需要有一张地图，并具备良好的地图阅读技能，以及一位坐在副驾上的带路人才能得到答案。如今，这一切都由电子魔法承担了——人们用卫星导航。的确，人们有时会停在旷野中。最近，有一辆车在卫星导航的引导下开进了河里。你还是要看看路的。但即便如此还是可能发生意外。去年，我们想去 B&B 旅馆，结果到了某个乡间别墅，因为卫星导航系统无法区分看似公路实则私家车道和看似私家车道实则是公路之间的差别。

卫星导航看起来很神奇。车里有一个显示地图的屏幕，地图上标记了你的确切位置。开车时，地图会跟着移动，而表示车的标记总会出现在正确的位置。这个装置知道车的方向，也知道目前所在的路名和门牌号。它会提醒你交通是否阻塞，会了解你的目的地和车速，知道什么时候超速了，什么地方有交管摄像头，以及到达目的地还要多久。教会孩子们怎么看这些信息，他们就再也不用问了。"任何足够先进的技术，都和魔法相差无几。"伟大的科幻小说家和未来学家阿瑟·C.克拉克如是说。另一位科幻作家格雷戈里·本福德把这句话改写成："所有和魔法不一样的技术都算不上先进。"卫星导航系统足够先进，但它并不是魔法。那么，它是如何工作的呢？

它知道你要去哪里，因为你会通过点触屏幕上的字母和数字告诉它。这一点是显而易见的，但这也是唯一显而易见的地方。剩下的魔法都属于高科技——大量的轨道卫星、无线电信号、编码、伪随机数，还有很多精巧的计算机处理。算法会找到最快、最经济、对环境破坏最小的路线。基础物理是至关重要的，它们包括基于牛顿万有引力定律的轨道力学、爱因斯坦的狭义相对论，以及从牛顿理论发展而来的广义理论。在太空中，卫星旋转着定时传送信号，而在地面，几乎所有的一切都在通过一块小小的计算机芯片处理着。当然，还需要一些存储芯片来保存地图和一些别的信息。

我们看不到这些，所以我们看到的是魔法。

不用说，大部分的魔法都和数学有关，它们用到了许多数学知识，当然还包括大量物理、化学、材料科学和工程知识。某些用户可能需要一些精神治疗，不过，就这样吧！

即使不考虑卫星的制造和设计，也不考虑将卫星送入太空所需的技术，卫星导航依然涉及至少七个数学领域，没有它们，卫星导航就无法工作。其中包括：

- 计算将卫星送入轨道的发射火箭的飞行轨迹；
- 设计一套覆盖良好的轨道：在任意地点都至少能被三颗乃至更多的卫星看到；
- 用伪随机数生成器来生成信号，从而可以非常精确地测量每颗卫星之间的距离；
- 用三角学和轨道数据来推断汽车的位置；
- 用狭义相对论方程来修正因卫星高速运动而对时间产生影响后的计算结果；
- 用广义相对论方程来修正因地球引力而对时间产生影响后的计算结果；
- 解决各种变化后的旅行商问题，按照一定的标准找到最佳路线，这些标准考虑的点可以是时间、路程，或环保。

在接下来的几页中，我会更详细地讨论其中的大多数内容，重点则是那些更令人称奇的部分。

*

卫星导航系统依赖于非常精确的定时信号，它们由高精度原子钟产生，并通过一些特殊的轨道卫星发送。一台独立的铯原子钟的精度为 10^{14} 分之 5，即每天的误差为 4 纳秒。其对应于地面上的误差，大约为 1 米 / 天。为了补偿这种渐增的漂移，地面站会定期重置时钟。稍后我们还将讨论一些其他会导致计时误差的原因。

如今，有好几种卫星导航系统，但我将重点讨论第一种，同时也是应用最广泛的导航系统——全球定位系统（GPS）。该项目由美国国防部支持，始于 1973 年。系统的核心是一组轨道卫星，它们最初有 24 颗，现在则是 31 颗。1978 年，第一颗原型卫星发射成功，而整套卫星系统是在 1993 年开始运行的。最初，GPS 仅限于军事用途，但罗纳德·里根总统于 1983 年通过行政命令使其得以在低分辨率的情况下向民间开放。全球定位系统目前正处于升级阶段，而一些国家也开始有了自己的卫星定位系统，最先出现的是精确度在两米以内的俄罗斯的全球导航卫星系统（GLONASS）。2018 年，中国启动了北斗卫星导航系统，如今应该可以随时启动并

最初的 GPS 星座由 24 颗卫星组成，在 6 个不同的轨道上都有 4 颗卫星运行

投入运行[*]。欧盟的导航系统被命名为伽利略。英国已经脱欧，没有参与伽利略系统，但出于意识形态而非常识上的考虑，英国政府宣布将研发并部署属于自己的系统。印度正在建设"印度区域导航卫星系统"（NavIC），日本则致力于"准天顶卫星系统"（QZSS），这将在 2023 年前排除对 GPS 的依赖。

就运行而言，GPS 由三个"部分"组成：太空（卫星）、

---

[*] 北斗三号全球卫星导航系统已于 2020 年正式开通。

控制（地面站）和用户（车里的人）。卫星发出定时信号，地面站监控卫星的轨道和卫星时钟的准确度，并在必要时发送指令来修正轨道或重置时钟。用户拥有一个小到可以装进手机里的低功率接收器，这个廉价的设备会向应用程序报告自己的位置。

这组卫星通常被称为"星座"，这个古老的名词原本是指夜空中星星的排布。最初的 GPS 星座由 24 颗卫星组成，每颗卫星在距离地球 20200 千米（12600 英里）的轨道上运行，这些轨道基本呈圆形，其半径为 26600 千米（16500 英里）。我在这里不讨论后面加入的卫星，这些卫星让系统变得更可靠、更精确，但并没有对主要概念造成影响。系统一共有 6 个轨道，它们均匀地分布在赤道平面上，并与其呈 55° 角。在每个轨道上，都有 4 颗卫星等距排列，并按同一个方向运行。利用数学可以计算出轨道的半径，使卫星以 11 小时 58 分钟的周期绕行。这样，就可以确保它们每天会在地球上几乎相同的位置的上空出现两次，不过会略有漂移。

接下来具有数学特征的是轨道的几何形状。这种卫星和轨道的设计意味着无论何时何地，在地球上至少能看到 6 颗卫星（也就是说，可以接收到由它们发出的信号）。随着时间的推移，能看到哪 6 颗卫星是由当时所处的位置决定的，因为地球在自转，而卫星也在属于它的轨道上运行。

GPS 的设计不需要用户向卫星传输任何信息。相反，用户会有一个接收器，接收来自所有能看到的卫星所发出的定时信号。接收器通过处理定时数据以确定其自身的位置。其中的基本原理很简单，所以我会先作介绍。然后，我再讨论为了在现实世界中是可行的，它们需要做哪些必要的微调。

我们先从一颗卫星开始。该卫星会向接收器发送定时信号，接收器从中计算出卫星在那一刻的距离。（稍后我们讨论它是如何计算的。）假设算出来的距离是 21000 千米。这一信息意味着接收器在以卫星为球心、半径为 21000 千米的球体表面上。这本身并没什么用，但在那一刻，至少还能看到 5 颗别的卫星。我把它们称为 2 号卫星、3 号卫星，以此类推，一直标记到 6 号卫星。它们都在发射信号，接收器也会同时接收这些信号，每一个信号都会把接收器定位到另一个球体表面，这些球体同样以卫星为球心，我们把它们记为球体 2、球体 3，等等。结合卫星 1 和卫星 2 的信号，可以得到接收器位于球体 1 和球体 2 的交点上，这些交点构成一个圆。卫星 3 对应于球体 3，它与球体 1 相交于另一个圆。两个圆相交可以得到两个交点，而每个交点则都在三个球面上。卫星 4 发出的信号对应于球体 4，通常而言，这个球体可以区分出在上述两点中，哪一点才是正确的位置。

在一个理想的世界里，我们可以就此打住，卫星 5 和卫星 6 将会是多余的。然而实际上并没那么简单，所有事物都可能出错。地球的大气层会减弱信号，还可能受到电子干扰，此类情况不一而足。首先，这意味着接收器的位置可能位于相关球体表面的上下，而并不是在其表面上。既然不是在球面上，那就是在包含了球面的一层加厚了的"壳"间。所以，4 颗卫星及其发射的 4 个信号固然可以在一定程度上确定位置，但并不完美。为了改进这一点，GPS 额外地使用了一些卫星。它们缩小了加厚球面的面积。到这里，如果忽略可能发生的误差，确定位置的方程几乎肯定会不相容，但借用统计学里的一个老办法，人们可以通过让总体误差最小化，从而计算出位置的最佳估计。这个办法就是由高斯在 1795 年提出的最小二乘法。结果就是，GPS 接收器只需做一系列相对简单的几何计算，就能对位置做出最好的估计。通过与地球的具体地貌做比较，它甚至可以计算出海拔高度，不过经纬度信息通常比高度信息更精确一些。

"发送定时信号"，这句话听起来很简单，但事实并非如此。如果你听到一声雷鸣，会知道附近有暴风雨，但仅是雷声并不能告诉你它的距离。如果你几乎同时看到闪电（因为光的传播速度比声音快，所以它会在雷声之前到达），你便可以利用两个信号之间的时间差来估计闪电离你有多远——根据经验，大致是每英里会耗时 5 秒。不过，声速由大气状态决定，所以这条规则并不完全准确。

GPS 不能用声波作为第二信号，原因很明显——它的速度太慢，而且太空是真空的，所以声音也无法传播。但是，有一个基本概念是正确的，那就是通过比较两个完全不同但又相互关联的信号来推断时间差。每颗卫星发送不同的 0/1 脉冲序列，除非等很久，它们才会让整个序列重复。GPS 接收器可以把从卫星上得到的 0/1 序列和由本地源产生的相同序列做比较。卫星信号是有延迟的，因为它必须考虑卫星和接收器之间的距离，人们可以通过调整信号来推断时延，并且算出需要移动多远才能匹配到另一个信号。

我们可以用这本书里用到的语言来代替 0 和 1。

假设卫星接收到的信号为：

校准信号，确认目标的距离

与此同时，本地的对照信号是：

　　　确认目标的距离移动了多少

然后，我们滑动本地信号，像下面这样把词汇对齐：

　│校准信号，**确认目标的距离**│
　　　　确认目标的距离移动了多少

于是，我们可以确定卫星信号比本地信号延迟了 5 个字符。

　　现在，剩下的就是如何生成合适的比特串。为了生成重复次数非常少的 0/1 字符串，有一种简单的方法是几百万次地重复投掷硬币，然后将正面记录为 0，反面记录为 1，每个比特出现的概率是 1/2，所以一个长度为 50 比特的字符串出现的概率是 $1/2^{50}$，大约等于一千万亿分之一。平均而言，大约需要一千万亿个比特串，才会出现重复。当人们把这样的信号与一个稍有延迟的信号做比较时，"正确"的延迟会得到最佳匹配，并且那是独一无二的。

不过,计算机并不擅长扔硬币。它们执行特定的指令,并且问题的关键在于,它们应该准确无误地完成这些任务。幸好,存在一些精确的数学过程可以生成看似随机的比特串,它们在合理的统计意义上都是随机的,尽管实际的过程是确定的。这种方法被称为伪随机数生成器。它是 GPS 涉及的第三种主要数学成分。

在实践中,伪随机数生成器的比特流与 GPS 所需的其他数据相结合,这种技术被称为调制。卫星传输数据的速度相对较慢,大约是每秒 50 比特。调制将这种信号和伪随机数发生器所产生的更快的比特流结合在一起,其速度超过每秒 100 万码片。码片和比特很像,但其取值是 +1 和 −1,而不是 0 和 1。在物理上,它是一个振幅为 +1 或 −1 的方波脉冲。"调制"意味着将原始数据流与每时刻的码片值相乘。由于相比之下的其他数据变化非常慢,"滑动匹配"技术仍然很有效,但有时匹配的结果是一致的,有时结果则互为相反数。利用一些统计方法,只要移动信号直至它们的相关性足够高就可以了。

事实上,GPS 还会用另一个伪随机数做同样的事情,只不过调制信号的速度会快 10 倍。较慢的一种被称为粗捕获码,是民用的。更快的"精码"则是军方专用的。它也是加密的,7 天才会重复。

总体而言，伪随机数生成器基于抽象代数（比如有限域上的多项式），或者数论（比如整数模）。关于后者有一个简单例子，那就是线性同余生成器。选择一个模数 m，两个数 a 和 $b(\bmod m)$，一个种子数 $x_1(\bmod m)$，然后根据下列公式定义接后面的 x_2、x_3、x_4……

$$x_{n+1}=ax_n+b(\bmod m)$$

a 的作用是将当前的 x_n 乘以一个常数因子，而 b 则将这个值平移一个固定的量。通过它，我们能不断地得到数列里的下一个数。例如，如果 $m=17$、$a=3$、$b=5$、$x_1=1$，那么就得到下面的数列

    1 8 12 7 9 15 16 2 11 4 0 5 3 14 13 10

然后无限重复。这看起来没什么明显的规律。当然，在实践中，我们会用更大的 m。有一些数学条件可以确保数列需要很长时间才会重复，并满足合理的随机统计检验。例如，在将输出转换为二进制后，平均每个数 $(\bmod m)$ 出现的频率应该相同，而每个长度确定的 0 和 1 比特串也会在经过一个合理的时间段后才会重复出现。

线性同余生成器过于简单，所以不怎么安全，人们设计了一些更复杂的变体。1997 年松本真发明的梅森旋转

算法就是一例。很多人都会用到它，因为它被用于众多标准软件包中，其中包括微软的 EXCEL 电子表格。梅森旋转算法结合了质数（它使数学变得更简单），还用到了漂亮的二进制表达式（它让计算变得更容易）。梅森质数是形如 2^p-1 的质数（其中 p 也是质数），例如 $31=2^5-1$ 和 $131071=2^{17}-1$。梅森质数很少见，我们甚至不知道它是否有无穷多个。截至 2021 年 1 月，已知的梅森质数正好有 51 个，最大的是 $2^{82589933}-1$。

上面的两个梅森质数的二进制表示如下所示

$$31=11111 \qquad 131071=11111111111111111$$

它们分别有 5 和 17 个重复的 1。这让数字计算机用它们进行计算变得很容易。梅森旋转算法基于一个非常大的梅森质数——通常是 $2^{19937}-1$，它用由 0 和 1 这两个元素组成的矩阵替换同余的数。它满足不大于 623 位的子字符串的统计检验。

GPS 信号里还有一个低频信号，它提供了关于卫星轨道、时钟校正等一些影响系统状态因素的信息。这听起来或许很复杂，事实也的确如此，但现代电子学能够准确地处理高度复杂的指令。如此复杂是有充分理由的。它帮助接收器避免不小心锁定一些其他随机信号，而那些随机信号只不过恰好于那个时候在周围出现，因为一个干扰信号基本上不可能再现如此复杂的规律。每颗卫星都有自己的伪随机码，所以同样的复杂性确保了接收器不会将来自两颗卫星的信号搞混。这样做还有一个好处，即所有卫星可以在同一频率上传输而不会相互干扰，这样可以从日益拥挤的无线电频谱中节约更多频率。尤其在军事行动中，敌方无法干扰系统，也不能发送假信号。此外，美国国防部掌握着伪随机码，因此它有对 GPS 访问的控制权。

*

除了原子钟会逐渐漂移，还有一些别的原因也会导致计时误差，比如卫星轨道在形状和大小上与预定轨道略有差异。地面站将校正信息传给卫星，卫星再把它们传给用户，最终确保各方与美国海军天文台的基准时钟同步。不过，数学在相对论领域的作用是巨大的。在这里，我们需要的不是传统的牛顿物理学，而是爱因斯坦的相对论。[1]

1905 年，爱因斯坦发表了一篇标题为《论运动物体的电动力学》的论文。他检验了牛顿力学和麦克斯韦电磁方程之间的关系，发现这两种理论是不相容的。其中的一个核心问题是电磁波的传播速度——光速——不仅在静止的参照系里是恒定的，而且在运动的参照系里也有相同的恒定值。如果在行驶的汽车上打开手电筒，光子的传播速度与汽车静止时的速度是一样的。

相较而言，在牛顿物理学中，汽车的速度会被加到光速上。因此，爱因斯坦提出修改牛顿的运动定律，以确保光速是一个绝对常数，这明确地意味着相对运动方程必须被修改。正因如此，该理论被命名为相对论。这个叫法有点误导人，因为它的主要观点是光速并不是相对的。爱因斯坦花了很多年时间试图将引力纳入他的框架，最终在 1915 年取得成功。这两个互有关联但又截然不同的理论分别被叫作狭义相对论和广义相对论。

本书并不是关于相对论的教科书，所以只能走马观花地浏览一下它的某些重要特点，从而粗略地描述一番。这里不会涉及哲学上的细微差别，倘若讨论它们，我们便会离题万里，所以如果我说得过于简略，也请读者担待。

在狭义相对论中，为了确保光速在所有匀速运动的参照系里有相同的值，爱因斯坦修改了运动方程。这种修改是通过洛伦兹变换实现的，洛伦兹变换是以荷兰物理学家亨德里克·洛伦兹命名的数学公式，它描述了如何在不同的坐标系之间比较位置和时间的变化。从牛顿物理学的观点来看，预测的主要结果非常奇怪。没有东西能比光传播得更快；物体的长度随着速度的增加而缩短，当速度越来越接近光速时，物体的长度就会变得任意小；在这种情况下，主观时间慢得像乌龟爬；质量会无限增加。大致而言，在光速下，物体的长度（在运动方向上）会收缩为零，时间会停止，而质量则会变得无穷大。

广义相对论保留了这些结论，但同时也引入了引力。然而，这里的引力并不像牛顿一样把它模型化成一种力，它是因时空弯曲而产生的，是一种结合了三维空间和一维时间的四维数学结构。在所有物体（如恒星）附近的时空都会弯曲，形成一种凹陷，只不过它是在四维时空里。当光线或粒子经过附近时，它就会沿着弯曲的方向偏离直线。因此，这便导致了恒星和粒子之间有吸引力的假象。

这两种理论都已经通过高灵敏度的实验得到充分验证。尽管所表现出的特征非常奇特，但它们是迄今为止物理学领域所发现的最好的现实模型。GPS 的数学计算必须考虑卫星速度和地球引力所带来的相对论效应，否则 GPS 就是一堆废铜烂铁。GPS 的成功确实也是对狭义相对论和广义相对论有效性的一项非常细致的测试。大多数 GPS 用户要么在地球表面静止不动，要么移动缓慢——速度不会超过一辆高速行驶的汽车。因此，设计者们决定采用一个严格附着在旋转的地球上的参照系来广播卫星轨道信息，并同时假设地球的自转速率是恒定的。我们把地球的形状叫作大地水准面，它大致是一个略扁的旋转椭球。

当人们在车里时，卫星在头顶环绕，相对于车，它们显然是在运动的。狭义相对论预言，你会发现卫星的时钟比地面上的基准时钟慢。事实上，由于相对论时间膨胀，卫星时钟每天大约会变慢 7 微秒。除此之外，卫星轨道所在高度的引力也比在地面的小。根据广义相对论，卫星附近的时空比汽车附近的时空更平坦，后者更弯曲。这种效应反而会导致卫星时钟比地面时钟快。广义相对论预测，卫星时钟每天会比地面时钟多 45 微秒。综合考虑上述相互冲突的影响，卫星时钟每天会比地面时钟快大约 45-7=38 微秒。这样的误差在 2 分钟后就会变得明显，这使得每天会大约偏离正确位置 10 千米。仅在一天之内，卫星导航系统会把人们定位到一座错误的城镇；在一周之内，它的误差会达到郡的级别；在一个月内，它的误差更是达到了国家级别。

一开始，GPS 项目里的工程师和科学家并不确定相对论是否真的如此重要。以人类的标准来看，卫星的速度是快的，但与光速相比则不然。从宇宙的尺度来看，地球的引力很小。但他们尽可能地估计了这些影响的大小。1977年，当第一个铯原子钟原型被发射到轨道上时，他们仍然不确定这些影响会有多大，也不确定偏差是正向还是负向，有些人根本不相信基于相对论的校正是必要的。因此，工程师们在时钟里加入了一个电路，当来自地面的预设信号出现时，若有必要，它可以改变频率以抵消预估的相对论效应。在前三周，他们关闭了这个电路，在测量时钟频率时，发现它比地面的时钟频率高一万亿分之442.5。广义相对论的预测结果是一万亿分之446.5。这个结果非常准确。

*

显然，除了可以定位（小汽车、商务车、徒步旅行者的）位置之外，GPS还有许多别的用途，比如最初催生GPS的军事应用。这里我再说几种用途。

车抛锚时，人们不需要知道自己在哪里，因为GPS可以做到这一点。它还被用来防止汽车盗窃、地图测绘、照看宠物和老年人，以及保护艺术品的安全。它的主要用途包括为运输公司提供船舶及飞机导航和追踪机队。

如今，大多数手机都有 GPS 接收器，它们可以在照片上标记拍摄地点，告知丢失或被盗的手机位置，也能帮助预定出租车。人们可以将 GPS 和谷歌地图等在线地图服务结合使用，这样，你所在的位置就可以自动显示在地图上。农民可以操控无人驾驶的拖拉机，银行家可以监控金融转账，旅行者可以追踪他们的行李。科学家可以监控濒危物种的迁徙，也能追踪原油泄漏等生态灾害。

在没有 GPS 的年代，我们是怎么生活的？一些数学魔法能使变革性（而且非常昂贵）的技术如此迅速地改变我们的生活，真是令人惊叹。

12

北极和伊辛

格陵兰岛的冰盖正在以比之前想象的快得多的速度融化，数亿人正面临着被洪水淹没的威胁，气候危机所带来的不可逆转的影响也越来越迫近。格陵兰岛上的冰正在以比上世纪 90 年代快 7 倍的速度消失，而且消失的规模和速度远高于预期。

——《卫报》，2019 年 12 月

是的，标题里的不是结冰（icing），而是伊辛（Ising）。这不是印刷错误。它只是一个不怎么好的双关词。

地球正在变暖，这很危险，也是我们的过错。我们之所以知道这点，是因为有数千名专业的气候科学家几十年来一直运用数百个数学模型进行预测，与此同时，能干的气象学家也通过观察证实了其中的多数重要结论。我可以用这本书的余下部分抨击那些假新闻的传播者，他们试图让我们相信没什么可担心的，并在解释许多尚不确定的细节时，将他们的愚蠢与人类导致气候变化的证据相比较——虽然这些现实证据的增长非常迅速，但是，正如阿洛·格思里在《艾丽斯的餐馆》中说的那样，这不是我要说的。很多人在这方面做得比我好得多，也有很多人在全力阻止他们，从而让少数超级富豪不得不停止破坏地球。

气候变化本质上是就统计意义而言的，所以任何特定事件都可以被解释成是偶发的怪事之一。一枚硬币有四分之三的时间抛出来的是正面，但每次抛出来总是要么正面，要么反面——就像公平的无偏硬币一样。因此，单次抛掷并不能表明两者的区别。而对一枚均匀的硬币而言，即使是连续出现 3 到 4 次正面，也是有时会发生的情况。不过，倘若 100 次抛掷后得到 80 次正面和 20 次反面，那么很明显它并不是一枚均匀的硬币。

气候的情况也类似。它和天气不一样，天气每天每时都在变化，气候则是一个 30 年的移动平均值。全球气候更是如此。气候改变需要全球范围内有大规模长期变化。高质量的全球温度记录可以追溯到大约 170 年前，不过，

18 个最热的年份里有 17 个发生在 2000 年以后。这不是偶然的。

气候的统计性质很容易让否认它的人把水搅浑。我们无法快进地球，气候科学家不得不依靠数学模型来预测未来，估计气候变化的速度，找出这些变化可能产生的影响，并且审视如果人类团结一致的话，能采取哪些措施。早期的模型相当原始，这为所有不喜欢这类预测的人打开了反对的大门，尽管回过头来看，即便是这些模型也能准确地预测全球气温上升的速度，以及其他很多结论。近来，模型得到了改进，在过去的半个世纪里，预测的气温在许多细节上与如今的现实是一致的。到底有多少冰会就此融化还不太确定，但似乎结果被低估了。其中的机制还不太清楚，几十年来，科学家一直顶着避免被认为在耸人听闻的压力。

到目前为止，我一直专注于数学如何在幕后运作，以及如何影响我们的日常生活。我故意省略了很多在科学上的重要应用，尤其是理论科学。但气候变化确实影响了我们的日常生活——问问澳大利亚人就知道了，他们不得不在 2020 年初与前所未有的山火做斗争。看看全球各地创纪录的热浪：如今，每 5 年到 10 年就会暴发百年一遇的洪水。奇怪的是，还有偶尔的极端严寒天气。全球变暖会导致一些地方比正常情况下更冷，这有点违反直觉，但原因很简单。全球变暖是关于大气、海洋和陆地的平均热量。没有人说各地会步调一致地升温。

随着地球总热能的增加，气温在均值附近的波动也会变得更大，它会比平时更冷，也会更热。问题在于，总体上会更热。某个地方的突然转冷并不能证明全球变暖是一个骗局。同样地，在其他情况不变的前提下，如果你的城镇的气温比平常低 10 摄氏度，而其他 11 个城镇比平常高 1 摄氏度，那么全球的平均气温是变高的；如果你所在的城镇今天气温比平常低 10 摄氏度，但在另外 11 天里高 1 摄氏度，那么全球的平均气温也是变高的。事实上，你所在城镇的平均气温也是变高的。

问题是，我们会关注突如其来的寒流，但这种补偿效应太小，无法冲击我们的意识，它太分散了，甚至只是发生在个别地方。最近几年发生在欧洲和北美的极不寻常的寒流，是由于急流将来自北极的冷空气推到了比往常更南的地方。因此，通常只是在北极冰盖周围循环的冷空气最终来到了海洋、格陵兰岛、加拿大北部，以及俄罗斯。为什么所有冷空气都南下了？因为极地地区的空气温度比正常温度高得多，它们取代了冷空气。总体而言，受影响地区在整体上都变热了。

气候建模的数学知识足够写上一本书了，但我要说的不是这些。和阿洛一样，我只是在为我想告诉你们的事情做铺垫。

*

全球各地的冰都在融化。在某些特殊地区，冰的数量在增加，但其他地方的都在迅速下降。冰川正在消退，两极的冰盖也在缩小。这些影响威胁着 20 亿人口的水源，如果我们不阻止这种情况发生，由此导致的海平面上升将吞没超过 5 亿人的家园。因此，和冰融化成水有关的物理和数学突然变得至关重要，就个人层面而言，这几乎和每个人都相关。

科学家对融化的冰有很多了解。随着水沸腾变成蒸汽，物质的状态发生了变化，这是相变的经典例子。水可以以各种状态存在，它可以是固体、液体或气体，其状态主要取决于温度和压强。在大气压下，水只要足够冷就会变成固体——冰。当对冰加热，并且使其超过熔点时，它就会变成液体——水。当继续加热到达沸点时，水就变成气体——蒸汽。就目前的科学领域而言，已知的冰的物相有 18 种，最新的一种名叫"方形冰"，是在

2014 年发现的。其中 3 种物相可以存在于常压下，其余的则需要更高的压强。

我们对冰的了解大多来自数量相对不多的实验室实验。今天，我们迫切想要了解的是，在自然环境中有大量的冰正在融化。有两种交织在一起的方法可以找到答案，那就是观察和测量正在发生的一切，并且建立起基础物理的理论模型。而想要真正理解的关键，则是把两者结合起来。

极地冰（尤其是海冰）正在融化的标志之一是形成冰上融池。冰的表面开始融化，深色的小水坑会弄脏原始的白色冰，有的也会因灰尘的沉淀而变成灰色。和冰不同，这些水坑是液态水，它们是深色的，所以会吸收而不是反射阳光。尤其是红外辐射使水坑升温的速度要比冰更快，所以它们会越来越大。当水坑足够大时，它们会合并形成更大的水坑——大到可以被看作是池塘。这就是冰上融池，它们会形成复杂的形状——一个个池塘由细流连接，不断地分叉扩散，就像是一些奇怪的真菌斑。

海水变暖后的状况所表现出来的重要特征，就是冰上融池扩大的物理学。这正是当下发生的事，尤其是北极海冰。随着地球变暖，海冰所发生的变化是理解气候变化会产生什么影响的一个重要课题。所以对数学家来

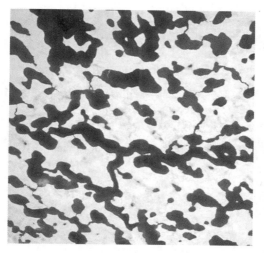

深色的冰上融池在白色北极冰层的映衬下显得格外醒目。
它们为什么会呈现出如此复杂的图案？

说，研究融化的冰的模型是很自然的，其目的是理出其
中的某些秘密。他们确实是这么干的,也几乎没什么成果。
然而，令人惊讶的是，目前正在研究的模型之一，和融
化的冰根本没什么关系；它和磁力有关，并且可以一直
追溯到 1920 年。磁性材料自有其相变，特别是当材料太
热时，它们会失去固有的磁性。

　　这个特定的模型长期以来一直是相变的典型例子。它
是由德国物理学家威廉·楞次发明的，之所以它被理所
当然地命名为伊辛模型，是因为数学家和物理学家在命

名时，用的总是从概念上与之关系最为密切的人，而这个人往往不是真正的发明者。楞次有一个学生，名叫恩斯特·伊辛，楞次给了他一个博士学位课题，那就是解决这个模型并证明它有磁性相变。伊辛解决了这个问题，并证明了不存在磁性相变。尽管如此，他的研究开启了一个数学物理学的新领域，并极大地启发了我们对磁体的理解。

现在，它被用到了融化的冰上。

*

现如今，磁铁很常见，以至于我们很少会好奇它们的工作原理。我们用它们在冰箱门上粘塑料猪（好吧，在我们家是这样做的），给手机盖上封盖，（用很大的磁铁）探测著名的希格斯玻色子（亚原子粒子的质量就源于这种粒子）。日常用到的计算机硬盘和电动机，就是那种可以用来自动升降车窗，也可以产生数亿瓦电能的。尽管磁铁无处不在，但它们其实非常神秘，它们通过某种看不见的力场相互吸引或排斥。最简单也最常见的条形磁铁有两个磁极，它们分布在两端，分别叫作南磁极和北磁极。北磁极和南磁极相互吸引，但北磁极和北磁极之间会相互排斥，南磁极和南磁极之间也会。如果试着把强大的相同的小磁铁磁极推到一起，就会感到它们在向后推。如果试着把不同的磁极分开，就会感到它们试图粘在一起。即使没有接触，它们也会相互影响——这是一种"远距离行为"。你可以用磁铁使物体悬浮，即使物体大如火车。神秘的是，这种力场是看不见的。你什么也看不到。

人类至少在 2500 年前就知道磁铁了。它们自然存在于磁铁矿中，这种矿物是一种铁的氧化物。小块磁铁矿也被叫作磁石，是可以吸引铁质物体的。你可以把磁石挂在线上，也可以摆在木头上，使其变成指南针。大约从 12 世纪开始，磁石就经常被用于航海。像这种具有永磁场的材料被称为铁磁体，它们大多数是铁、镍和／或钴的合金。有些材料的磁性几乎可以无限期地保持，而另一些材料的磁化是暂时的，它们很快又会失去磁性。

1820 年，科学家开始认真研究磁体。当时，丹麦物理学家汉斯·克里斯蒂安·奥斯特发现了磁和电之间的联系，他发现了电流可以产生磁场。1824 年，英国科学家威廉·斯特金制造出了电磁铁。电磁学的历史太过广阔，无法详细描述，其中取得关键性进展的是迈克尔·法拉第的实验。它引导詹姆斯·克拉克·麦克斯韦提出电场和磁场以及它们之间关系的数学方程。这些方程精确地告诉人们，移动电会产生磁，移动磁则会产生电。在它们之间会产生以光速传播的电磁波。事实上，光就是这种波。无线电波、X射线和微波也是电磁波。

铁磁体有一个令人困惑的特征，那就是它们受热时的反应。它们有一种叫作"居里温度"的临界温度。如果铁磁体被加热到超过居里温度，它的磁场就会消失。更有甚者，这种转变是突如其来的。当温度接近居里温度时，磁场开始急剧下降，并且越是接近居里温度，磁场就下降得越快。物理学家称这种特征为二阶相变。这里最大的问题是：为什么会发生这种情况？

答案的一个重要线索来自电子的发现，电子是一种携带非常微小电荷的亚原子粒子，电流是许多运动的电子。原子有一个原子核，由质子和中子组成，原子核周围环绕着电子云。这些电子的数量和排列方式决定了原子的化学性质。电子还有一种性质叫自旋——这是一种量子性质，电子实际上并没有旋转，但它与角动量有很多共同之处。在经典物理学中，角动量是描述自旋物体特性的一个数学名词。这个词很有趣，它告诉我们旋转的力有多大，旋转的方向是什么——物体围绕什么轴旋转。

物理学家通过实验发现，电子的自旋产生了磁场。量子力学就是这样奇怪，电子的自旋无论用什么样的轴衡量，它不是向"上"，就是向"下"。这些状态大致相当于一个微小的磁体，北极在上面，南极在下面，或者反过来。在测量之前，自旋可以同时以向上或向下的方式任意组合，这可以归结为在围绕着一个完全不一样的轴旋转，一旦以选定的轴观测自旋，它总是表现出"向上"或"向下"，二者必居其一。这就是奇怪的地方，它完全不同于经典物理学中的自旋。

电子自旋和磁场之间的联系不仅有助于解释磁铁为什么会在太热时失去磁性，还有助于解释它们是怎样失去磁性的。在铁磁体被磁化之前，其电子的自旋是随机组合的，因此它们的微小磁场往往会相互抵消。当材料被磁化（无论是通过电磁铁还是与其他永磁体近距离接触）时，其电子的自旋就会对齐。然后它们还会相互增强，形成一个可探测的大规模磁场。如果不受干扰，这种电子自旋的排列就会一直持续下去，一个永磁体就此诞生。

然而，如果加热磁体，热能就会开始推撞电子，使其中的一些自旋发生翻转。不同方向的磁场相互削弱，导致磁场的整体强度下降。这定性地解释了消磁，但并不能解释为什么会有如此快速的相变，也不能解释为什么这种现象总是发生在特定的温度条件下。

楞次上场了。他提出了一个简单的数学模型，该模型假设有一排电子，每个电子根据其相对自旋影响邻近的电子。在这个模型里，每个电子都位于空间中的某个固定位置，这些位置通常是规则晶格上的格点，它们就像大棋盘上的正方形。每个模型电子可以以 +1（自旋向上）或 –1（自旋向下）两种状态之一存在。晶格在任意时刻都由 ±1 的图形覆盖。用棋盘打比方的话，每个方格要么是黑色（自旋向上），要么是白色（自旋向下）。因为量子态在某种程度上是随机的，所以什么样的黑白方格模式都有可能出现，至少大体如此，但有些模式出现的可能性更大。

当导师有不愿做的计算或实验时，博士生就开始发挥作用了，所以楞次让伊辛去解决这个模型。在这里，"解决"的含义很微妙。它不是关于自旋是如何翻转的动力学，也不是关于单个模式的。它指的是计算所有可能模式的概率分布，以及这种分布与温度和外部磁场的依赖关系。概率分布是一种数学小工具，它通常是一个公式。在这里，它告诉你各种模式的可能性有多大。

导师既然说了，如果你想拿到博士学位，就得照他说的做。你至少要尽力而为，因为导师有时给学生出的问题会太难。毕竟，导师并不知道出给学生的问题的答案，而且除了模模糊糊的直觉之外，导师通常也不知道寻找答案的难度。

于是，伊辛开始着手解决楞次提出的模型。

*

博士导师知道某些标准的技巧，他们可以给学生提建议。真正聪明的学生不但会自己发现它们，还会发现那些导师从未涉及的想法。其中，有一个很奇怪，但通常又是正确的想法：倘若要处理一个非常大的数，如果你把它变成无穷大，就会变得容易。例如，如果想理解像很大的棋盘但又是有限的伊辛模型（它代表着一块实际大小的铁磁体），从数学上来说，把它当作一个无限大的棋盘会更方便。这是因为，有限的棋盘有边，这些边往往会让计算变得复杂，因为图形的边缘和中间是不同的。这破坏了电子排列的对称性，而对称性往往会让求和更容易。无限大的棋盘是没有边的。

棋盘图对应于数学家和物理学家所谓的二维晶格。"晶格"意味着基本单位（即棋盘上的正方形）是以一种非常规则的方式排列的——此处它们纵横有序，并与相邻的正方形完全对齐。数学晶格可以是任意维的，而物理晶格通常只有一维、二维和三维。在物理学最常见的例子是三维晶格，它们是一组完全相同的立方体，整齐地堆叠在一起，就像仓库里完全相同的盒子。在这种情况下，电子占据了一个空间区域，就像盐一样，晶体中的原子具有立体对称性。

数学家和数学物理学家更喜欢从一个简单但并不太现实的一维晶格模型开始，在这个模型里，电子位置按一定间隔排成直线，就像数轴上的整数点。这不太物理化，但很适合在最简单的情况里研究概念。随着晶格维度的增加，数学的复杂性也随之增加。例如，在直线上只有1种晶格，在平面上有17种，而在三维空间中则有多达230种。所以楞次向他的学生提出了一个问题，要他找出这样的模型是如何运作的，并且明智地要他集中精力研究一维晶格。这位学生在这类模型上取得了重大进展，如今它们都被称为伊辛模型。

虽然伊辛模型讨论的是磁力，但它的结构和概念都属于热力学。这一领域源于经典物理学，它和气体中的温度和压强等物理量相关。大约在1905年，当物理学家终于相信原子是存在的，它们会结合在一起形成分子后，他们意识到像温度和压力这样的变量其实是统计平均数。

这些变量是容易测量的"宏观"的量，是由发生在更小的"微观"尺度上的事件构成的。顺便说一句，它们在显微镜下实际上是看不见的，尽管如今的显微镜已经可以成像单个原子。只有在原子停止运动时，这些才管用。在气体中，大量分子运动得到处都是，它们偶尔会相互碰撞。反弹使它们的运动变得随机。

热是能量的一种形式，由分子的运动引起——运动得越快，气体就越热，温度便会上升。温度与热量不同，它是热的效果的度量，并不是数量本身。分子的位置和速度与热力学平均值之间存在数学关系。这种关系属于统计力学领域，统计力学试图用微观变量来计算宏观变量，特别强调相变。例如，当冰融化时，水分子发生了什么变化？物质的温度和它又有什么关系？

*

伊辛的问题与之相似，但他分析的不是水分子，也不是冰随温度升高而变成水，而是电子自旋以及磁铁随温度升高而失去磁性。楞次构建了一个尽可能简单的模型，我们如今称之为伊辛模型。正如数学中常见的那样，模型可能很简单，但求解却不简单。

回想一下，"解决"伊辛模型意味着计算微型磁铁阵列随温度变化的统计特征。这归结为找到系统的总能量，而它取决于磁性的模式——向上和向下的自旋数量和排列，相当于棋盘上的黑白方格的情况。物理系统倾向于保持能量最低的状态。这就是传说中牛顿的苹果掉下来的原因：苹果的重力势能在掉向地面时变小了。牛顿的天才之举在于，他意识到同样的论证也适用于月球。月球不断地下落，但由于它同时也在向一侧运动，所以一直没有落到地面上。通过正确的计算，牛顿证明了同样的引力可以定量解释这两种运动。

无论如何，所有微型磁铁（那些自旋的电子）试图使自身的总能量尽可能小。但它们如何做到这一点，以及它们所达到的状态，取决于材料的温度。在微观层面上，热是能量的一种形式，它导致分子和电子随机地相互碰撞。物质越热，碰撞就越激烈。在磁铁中，自旋的确切模式会因为随机碰撞而不断改变，这就是为什么"解决"这个模型会得到一个统计概率分布，而不是某个自旋的特定模式。然而，最可能的模式看起来都非常相似，所以我们可以提出这样的问题：在给定温度下的典型模式是什么样的？

伊辛模型的关键部分是电子相互作用的数学规则，

它说明了任意模式下的能量。该模型有一个简化的假设，即电子只与邻近的电子相互作用。在铁磁体的相互作用中，当邻近电子具有相同的自旋时，能量贡献是负的。在反铁磁体中，当邻近电子具有相同的自旋时，它是正的。每个电子与外部磁场的相互作用对能量也有额外的贡献。在简化模型中，邻近电子之间的相互作用的强度大小相同，而外部磁场为零。

数学的关键是理解当一个正方形的颜色从黑变白（或者反过来）后，给定模式的能量的变化情况，也就是说，在任意位置的某一单个电子，在 +1（黑）和 –1（白）之间发生翻转后的情况。有些翻转会增加总能量，有些则会降低总能量。减少总能量的翻转可能性更大；然而，由于热碰撞是随机的，总能量增加的翻转也并非完全不可能。直观地说，我们期望自旋的模式会收敛到能量最低。在铁磁体中，这应该会导致所有电子的自旋相同，但在实践中，事实并非如此，因为这样花费的时间太长。相反，在适合的温度下，某些区域的自旋会明显地排得整整齐齐，形成一种黑白相间的"碎石"图案。在更高的温度下，随机碰撞的影响超过了邻近自旋之间的相互作用，这些小块变得太小，以至于邻近电子的自旋不再相互影响，因此，除了非常细微的黑白小块之外，图案呈一片混乱的灰色。在低温下，斑块会变大，并形成更有序的图案。这些图案永远不会完全固定下来，它们一直在随机变化。但是，对于给定的温度而言，图案的统计特征确实是稳定的。

物理学家最感兴趣的是从彼此分离的不同色块（有序状态）到随机的灰色混沌的转变。这是一个相变。对铁磁体相变（从磁化到退磁）的实验表明，低于居里温度时的磁性是分布不均的。这些磁性斑块的大小各不相同，但它们集中在某个具有代表性的特定大小（长度尺度）附近，这个大小会随着温度的升高而变小。当超过居里温度时，两种自旋彼此混在一起，斑块消失。刚好在居里温度时的状况是最令物理学家兴奋的。此刻，斑块大小各异，不存在主导的长度尺度。这些斑块会形成一种分形，而分形正是一种在所有尺度上都有精细结构的图案。部分的图案与整个图案的统计特征是一样的，因此无法从图案推断出斑块的大小。明确的长度尺度消失了。然而，图案在转变过程中的变化率可以用一个数值衡量，它被称为临界指数。实验可以很准确地测量临界指数，这为理论模型提供了一种灵敏的检验方法。理论专家的主要目标是推导出能给出正确临界指数的模型。

计算机模拟无法精确地"解决"伊辛模型，它们无法给出一个统计特征的公式，并用严格的数学证明其正确性。如果存在这样的公式，现代计算机代数系统或许能帮助研究人员猜测，但它仍然需要被证明。传统的计算机模拟则可以提供确凿的证据以确认模型是否符合实际。数学物理学家（以及有物理倾向的数学家，因为主要问题是纯数学的，尽管那是由物理驱动的）的圣杯是得到关于伊辛模型中自旋模式的统计特征的精确结果，特别是当温度经过居里点的时候，这些性质是如何变化的。特别是研究人员寻求证明在模型中包含了相变过程，并旨在通过临界指数以及在相变点时最可能的图案的分形特征来描述该过程。

*

现在，这个故事变得越来越技术化了，但我会尽量告诉你其中的主要概念，请不必担心细节。先别疑惑，往下看。

热力学中最重要的数学工具是"配分函数"。函数是把系统的所有状态加在一起后得到的，它是一个特定的数学表达式，由状态和温度决定。准确地说，我们取特定状态的能量，然后使其为负，再除以温度，得到一个任意状态下的表达式。然后对所有可能的状态,取表达式的指数,并把它们加到一起。[1]这里的物理思想是能量较低的状态对和的贡献更大,所以配分函数是由最可能的状态主导的,它会形成一个峰值。

通过适当的计算,可以从配分函数推导出所有常用的热力学变量,因此"求解"热力学模型的最佳方法是计算配分函数。伊辛通过推导自由能公式[2]和磁化率公式[3]找到了答案。该公式看起来令人印象深刻,但它一定让伊辛非常失望,因为这么多巧妙计算的结果是,当没有外部磁场时,材料本身也没有磁场。更糟糕的是,所有温度都是如此。因此,该模型预测不存在相变,铁磁体也不会自发磁化。

人们马上开始怀疑,造成这种不太好的结果的主要原因是模型过于简化了。事实上,人们怀疑问题出在晶格的维度。基本上,维度是1的话太小了,不会得到现实可行的结果。那么很明显,接下来要在二维晶格中再次求和,但这真的很难。伊辛的方法是不足的。直到1944年,在几次重大改进后,计算变得更系统化,也更简单,拉斯·翁萨格才解决了二维伊辛问题。这是数学的杰作,有着复杂而明确的答案。尽管如此,他也必须假设没有外部磁场。

现在的公式存在相变,低于临界温度 $2k_B^{-1}J/\log$

（$1+\sqrt{2}$）时，内部会出现非零磁场，这里的 k_B 是热力学的玻尔兹曼常数，J 是自旋之间相互作用的强度。当温度位于临界点附近时，比热趋于无穷大，就像实际温度和临界温度之差的对数，这是相变的一个特征。后来，人们还推导出了各种临界指数。

*

研究电子自旋和磁性与北极海的冰上融池又有什么关系呢？冰融化虽然是相变，但冰不是磁铁，融化也不是自旋翻转。怎么可能有有用的联系呢？

倘若数学与催生它的特定物理解释结合起来，答案或许是"不可能"。然而，事实并非如此。当然，也并不总会有联系。这里，正是神秘的数学发挥了出人意料的效果，也是为什么那些认为来自大自然的灵感可以解释有效性的人忘记了不合理的部分。

通常，当一个数学概念从一个应用领域闪现到另一个显然不相关的应用领域时，这种可移植性的一个迹象，是在公式、图表、数字或图片中发生了出人意料的"家族式"相似。通常，这种相似只不过是视觉上的，它们是意外和巧合，充满了偶然性，没有任何意义。毕竟，图片和形状的数量不够多。

只是有时候，它们确实是某些深层关系的线索。

这就是我在这一章最后才开始的讨论。大约十年前，一位名叫肯尼思·戈尔登的数学家在观察北极海冰的图片时，发现它们与在居里点附近发生相变的电子自旋斑块的图片有着惊人的相似。他想知道是否可以更新伊辛模型，以阐明冰上融池是如何形成并蔓延的。冰的模型的应用范围要大得多，一个微小的电子的自旋"向上"和"向下"状态，变成了大约一平方米的海冰表面区域的"冻结"和"融化"状态。

人们花了一段时间才把这个想法发展成严肃的数学，实现这个转变后，戈尔登与大气科学家考特·斯特朗合作，建立了一个气候变化对海冰影响的新模型。他给一位专门分析冰上融池图片的同事看了一些用伊辛模型得到的模拟结果，这位同事以为那些都是真的融池。通过对图片进行更细致的统计特征（如融池的面积和周长的关系，它代表着融池的曲折程度）分析后表明，这些数值和实际情况非常接近。

冰上融池的几何形状在气候研究中至关重要，因为它影响海冰和海洋上层的一些重要活动。其中包括冰的反射率（光和辐射热的反射量）在融化时的变化、浮冰

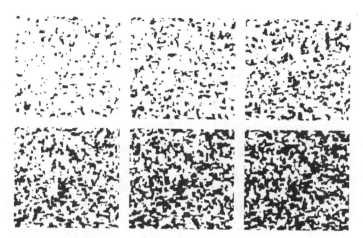

基于伊辛模型模拟的冰上融池发展情况

是如何破裂的，以及它们的大小是如何变化的。这反过来又影响了冰下的明暗分布，进而影响藻类的光合作用和微生物的生态。

　　所有可接受的模型都必须符合两组主要的观察结果。1998 年，北冰洋面热量收支（SHEBA）考察队用在直升机上拍摄的照片测量冰上融池的大小。他们观测到的融池大小的概率分布符合幂律：发现面积为 A 的池塘的概率基本上与 A^k 成正比，其中，就面积在 10 平方米和 100 平方米之间的池塘而言，常数 k 约为 -1.5。这种类型的分布通常代表着分形几何。同样的数据，加上 2005 年的希利号和奥登号跨北极考察（HOTRAX），揭示了随着冰上融池的扩大与合并，其在分形几何学上的相变，它们从简单的形状演变成自相似的区域，而边界也变得像空间填充曲线。在一个面积约为 100 平方米的关键融池里，边界曲线的分形维数（即面积与周长的关系），差不多由 1 变成了 2。这影响了融池的宽度和深度的变化，进而影响了融池在扩大时的水冰界面的尺寸，以及它们融化的速度。

指数 k 的观测值为 -1.58 ± 0.03，与 SHEBA 得到的 -1.5 吻合得很好。HOTRAX 观测到的分形维数变化可以用逾渗模型进行理论计算，用该模型可以粗略地计算出较大的维度是 $91/48=1.896$。对伊辛模型的数值模拟得到的分形维数与此非常接近。[4]

这项工作的一个有趣特点是模型只在长度为数米的尺度上有效。大多数气候模型的长度尺度可达数千米。因此，这样的建模是一种完全不同的新方向。模型还处于起步阶段，需要进一步发展，使之包含更多关于冰的融化、阳光的吸收和辐射甚至是风的物理知识。但它已经提出将观察结果与数学模型进行比较的新方法，并开始解释为什么冰上融池会形成如此复杂的分形。这也是第一个用数学模型对冰上融池做的基本物理描述。

在这一章的题词中，《卫报》的报道继续描绘了一幅严峻的画面。最近北极冰的加速消失是根据观测得到的，它们不是数学模型的推断，这意味着到 2100 年海平面将上升 2/3 米（约两英尺）。这比政府间气候变化专门委员会（IPCC）之前的预测多了 7 厘米（3 英寸）。每年将有约 4 亿人面临洪水的威胁，这也比 IPCC 此前预测的 3.6 亿人多了 10%。海平面上升还会使风暴潮更加严重，对沿海地区造成更多破坏。在 20 世纪 90 年代，格陵兰岛每年会消失 330 亿吨冰。在过去的十年里，这个数值已经上升到每年 2540 亿吨，自 1992 年以来，总计已经消失了 3.8 万亿吨冰。大约一半的损失是由于冰川移动速度加快，它们在到达海洋时发生破裂造成的；另一半则是因为融化，它们主要来自地表。所以，冰上融池物理学如今对每个人都至关重要。

如果伊辛模型的比方更准确些，那么，经过几代数学物理学家的艰苦努力得到的关于伊辛模型的有力结论，就都能用于冰上融池。特别是，与分形几何学的联系为冰上融池的复杂几何状况提供了新的见解。最重要的是，伊辛模型和北极融冰的故事是数学有出人意料效果的一个极好例子。谁能在一个世纪前就预言：楞次的铁磁体相变模型可能会与气候变化和极地冰盖持续消失有关系呢？

13

请拓扑学家来

拓扑特征是很稳定的。分量和孔洞的数量不能因测量
有小误差而变化。这对应用而言至关重要。

——罗伯特·戈里斯特,《基本应用拓扑学》

拓扑学是一种柔性几何,最初是纯数学领域中非常
抽象的一部分。在听说过它的人当中,大多数人仍然这
样认为,但这一点正在开始改变。他们觉得,所谓的"应
用拓扑"几乎是不可能存在的,这有点像教猪唱歌,值
得注意的不是猪唱得好不好,而是它能唱歌。关于猪的
说法是对的,但是关于拓扑的评价却不对。在 21 世纪,
正处于蓬勃发展的应用拓扑解决了一些现实世界中的重
要问题。一段时间以来,它一直如此发展着,但没什么

人注意到这一点。现在，它已经达到一定的水平，人们可以毫无争议地将其视为应用数学的一个新分支。这些拓扑应用不是杂乱无章的，它们广泛地涵盖了拓扑工具所涉及的大部分主题，其中包括最复杂和最抽象的那些部分：辫子、维托里斯-里普斯复形、矢量场、同调性、上同调、同伦、莫尔斯理论、莱夫谢茨数、丛、层、范畴、余极限。

这里的原因是：统一性。拓扑学本身已经成长，仅仅一个多世纪，它就从一堆新奇小玩意儿变成一个充分整合了研究与认知的领域。它现在是整个数学的主要支柱之一。在纯数学的主导领域，应用数学通常最后也会紧随其后。反之亦然。

拓扑学研究图形如何在连续变换下变形，特别是有哪些特征会保持不变。人们熟悉的拓扑结构例子是莫比乌斯带，它是只有一个面和扭结的曲面。在大约 80 年的时间里，数学家研究拓扑学是为了满足自身兴趣，他们并没有考虑其应用。这门学科变得越来越抽象，深奥代数结构（"同调"和"上同调"）被发明出来处理一些事情，比如计算拓扑形状上孔洞的数量。这一切似乎都令人费解，没有什么实际意义。

数学家义无反顾地继续研究着拓扑学，因为拓扑学在高等数学思维中具有核心作用。随着计算机变得越来越强大，数学家开始寻找用电子计算机实现拓扑概念的方法，以便他们能研究更复杂的形状。但他们必须调整方法，使计算机能够处理这些计算。"持续同调性"应运而生，它是一种检测孔洞的数字方法。

初看起来，探测孔洞似乎与现实世界相去甚远，但拓扑学被证明是解决安全传感器网络问题的理想方法。想象一下，有一处被森林包围着的高度敏感的政府设施，恐怖分子和小偷对它很感兴趣。为了检测他们的入侵，政府会在树林里放置一些运动传感器。怎样才是最有效的呢？如何确保覆盖没有漏洞，让坏人不可能悄无声息地进入呢？

找漏洞吗？当然！请拓扑学家来。

*

当你第一次接触拓扑时，通常会了解到一些基本的形状。它们看起来是简单而又奇怪的小玩具。它们中有些看起来异想天开，有些则古怪得离奇。但这是有意义的奇思妙想。正如伟大的数学家希尔伯特曾经说过的："数学的艺术在于找到一种特殊情况，而这种特殊情况蕴含

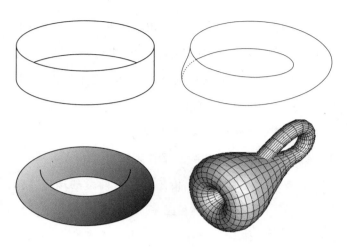

左上图：圆柱体带。右上图：莫比乌斯带
左下图：环面。右下图：克莱因瓶

着所有关于普遍性的萌芽。"找到正确的玩具，就会诞生新科学。

　　如图所示的前两个玩具可以通过将一张纸条首尾相连后得到。第一个圆柱体带很容易做，但第二个的做法就没那么显而易见了——在把它们连起来之前，先要把一端扭转180°。它叫莫比乌斯带，奥古斯特·莫比乌斯于1858年发现了它，并以他的名字命名，不过在此之前，高斯的学生约翰·利斯廷已经留意到它。1847年，利斯廷首次使用"拓扑学"这个名字，但把他置于这个新兴科学首发位置的，正是高斯的先见之明。

圆柱体有两条独立的棱，每条棱组成一个圆，它还有不同的两侧。你可以把里面涂成红色，外面涂成蓝色，而这两种颜色永远不会相交。在拓扑学中，如果对形状做连续变形，那么这些形状的属性也会保持不变。可以将它们拉伸、压缩、扭曲，但不能切割和撕开，除非之后会再把它们连起来。图中，圆柱体带的均匀宽度并不是一个拓扑性质，因为连续变形可以改变宽度。类似地，棱的圆环性也不是拓扑性质。但是，就棱而言，圆柱体带具有两条不同的棱，有不同的两个面，这些都是拓扑性质。

人们把变形后仍被视为相同的形状叫作拓扑空间。它的真正定义不但高度抽象，而且非常有技术性，所以我会用一些不那么正式的比喻。我的每句话都有精确表达，并实现严格证明。

我们可以利用这些拓扑性质来证明一个圆柱体带不可能变成莫比乌斯带。尽管它们都是用胶水把端粘在一起，但它们的拓扑空间是不同的。原因在于，莫比乌斯带只有一条棱和一个面。因为扭转了180°，如果你的手指沿着棱移动，它会绕两圈后再回到起点，但上下颠倒了。如果一开始将一面涂成红色，在经过一圈后，红色会继续涂在已经着了色的反面，这还是因为扭转过 180°。所以莫比乌斯带与圆柱体带的拓扑性质是不同的。

左下角图示就像一个环状的甜甜圈。数学家称这种形状为环面，这里指的只是表面，而不是甜甜圈的实心部分。在这种情况下，它更像是一只充了气的救生圈。它有一个洞，可以用手指穿过；对救生圈而言，则是用整个身体穿过。但这个洞并不在表面上，因为倘若如此，救生圈就会漏气，人便会沉下去。这个洞不在面上，好比一位电信工程师坐在检修孔里，那个地方的面上也没有洞。但是检修孔是有边缘的，而环面尽管没有边缘但它也有洞。就像圆柱体带一样，它有两个面：图上能看到的一面，以及"在里面"的那一面。

右下角的形状则不太常见。因为它看起来像个瓶子，所以叫作克莱因瓶，它是以伟大的德国数学家菲利克斯·克莱因的名字命名的。这个名字或许在德语里有双重含义，因为德语 Fläche 的意思是"表面"，而 Flasche 是"瓶子"。这幅图会引起一些误解，让人觉得它的表面穿过了自己。数学家的克莱因瓶不会如此。出现这种自交是因为我们绘制物体时很自然地认为它们是在三维空间里的。要得到一个没有自交的克莱因瓶，就需要进入四维空间，或者遵循标准的拓扑做法，即彻底放弃考虑周围的空间。这样，我们就可以把克莱因瓶看成一个圆柱体，然后把它的两个圆形端面连在一起，但在连起来之前把一个面翻过来。要在三维空间里这样操作，就得把一个端面从里面戳破，然后再把它打开，但也可以在概念上增加一条规则——当从一端掉落到另一端后，再把方向颠倒一圈。和环面一样，克莱因瓶没有棱，而且它也和莫比乌斯带一样，只有一个面。

现在我们已经成功地将这四个拓扑空间做了区分。它们要么棱的数量不同，要么面的数量不同，也可能有不同种类的洞——只要我们能说清楚什么是洞。这个观察揭示了拓扑学的一个基本问题：如何判断两个拓扑空间是否相同？我们不能只看形状，因为形状会变形。俗话说，对拓扑学家来说，甜甜圈和咖啡杯是一样的。我们必须用拓扑性质来区分空间。

这可能很难。

*

克莱因瓶看起来就像是典型的数学家的玩具，很难看出它与现实世界有什么关系。当然，正如希尔伯特所坚持的那样，数学玩具不是本身有用，而是对其所启发的理论有用，所以克莱因瓶不需要直接证明它是存在的。不过，这种奇怪的曲面确实碰巧在自然界是存在的。它出现在灵长类动物——猴、猿，当然还有我们人类——的视觉系统中。

一个多世纪以前，神经学家约翰·休林斯·杰克逊发现，人类大脑皮层中以某种方式包含了人体肌肉的"地形图"。大脑皮层是指大脑错综复杂的表面，所以我们的大脑里都有一张肌肉的地图。这是有道理的，因为大脑控制着肌肉的收缩和放松，从而让我们得以运动。大脑皮层的很大一部分用于处理视觉，如今我们知道，视觉皮层也包含着类似的地图，它管理着视觉过程。

视觉不仅仅是让眼睛像照相机一样工作，还把"照片"发送给大脑。它要复杂得多，因为大脑不仅接收图像，还识别图像。和照相机一样，眼睛有一个"透镜"来聚焦进入的图像，视网膜的作用有点像胶片。不过，它事实上更接近于数码相机记录图像的方式。光线照射到视网膜上的微型感受器（视杆细胞和视锥细胞）上，神经连接将结果信号沿着视神经（由许多神经纤维集束而成）传送到大脑皮层。在整个过程中这些信号得到处理，但大部分的分析工作是由大脑皮层完成的。

视觉皮层可以被认为由很多层组成，它们一层挨着一层。每一层都扮演着特定的角色。最上面的一层叫V1，它检测图像中不同部分之间的边界。这是将信号分割成各个组成部分的第一步。边界信息被传输到更深的大脑皮层，它们在每一个环节都得到分析并成为下一种结构化信息，然后再被转化传送到下一层。当然，这种描述是经过简化的，就像"层"一样，许多信号也可以反向传播。整个系统在我们的头脑中构建出一个外部世界的彩色三维再现，它是如此栩栩如生，以至于我们默认它就是外部世界。它并不完全是真实的，因为各种各样视觉上的错觉和歧义都证明了这一点。总而言之，皮层最终会将图像分割成我们可以识别的猫、维拉姑妈，或者其他事物。然后大脑可以调用其他信息，如猫的名字或是维拉最近彩票中了奖。

V1层利用对特定方向的边界敏感的神经细胞块来检测边界。下一页的图片为部分V1，它是用光学记录仪在一只猕猴的视觉皮层上拍到的。不同深浅的灰色（原稿中的颜色，所以我才这么说）是对神经元的反应，当它们接收到向着该方向的边界数据时，神经元就会发出信号。颜色从一个色度不断地融合到下一个色度，除了在某些孤立的点，所有的颜色都出现在附近，就像风车一样。这些点是方向场的奇点。

这种排列受到方向场的拓扑性质的限制。只有两种方法可以在一个奇点周围排列一系列颜色，并使它们不断变化，颜色要么沿顺时针方向排列，要么沿逆时针方向排列。图片中包含了这两种情况。奇点的存在是不可避免的，因为大脑皮层必须用许多"风车"来检测一条完整的线。

现在我们要问的是，大脑是如何将这种方向信息与边界移动的信息结合起来的。方向具有指向性，南北方向相反，尽管它们都在同一条直线上，但前者旋转180°后，指向就反了。若要使方向回到开始的状态，就得转上整整360°。边界没有方向，它们在转180°后就会回归相同的状态。大脑皮层必须以某种方式让两者同时工作。如

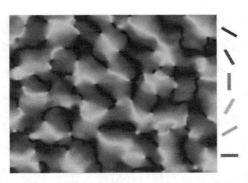

颜色（这里是灰色的阴影）显示了在大脑皮层的每个区域产生最活跃的方向。除了所有颜色交会的奇点，所感知的方向平滑地变化着

果在一个奇点周围画一个圈，这个圈的方向是连续变化的，但是方向场必须从一个给定的方向转到相反的方向（比方说，从指向北方到指向南方）一次，或者更普遍一点，反转奇数次。这些状态在本质上就是拓扑，它们使田中茂得出这样一个结论：感受野之间的连接就像克莱因瓶的拓扑结构一样。[1] 该预测如今已在许多动物实验中得到证实，其中包括猫头鹰、猴子、猫和雪貂，这提供了不同哺乳动物视觉皮层的组织结构可能是相似的证据。出于伦理考虑，这些实验还未曾在人类身上进行，但我们是哺乳动物，更精确地说是灵长类动物。所以，就像猕猴一样，我们的脑袋里也"装着"克莱因瓶，它可以帮助我们感知移动的物体。

这些想法不仅仅是生物学家感兴趣的，在快速发展的仿生学领域，工程师也在向大自然学习以改进技术，从而发明出新材料和新机器。例如，龙虾眼睛的奇特结构在 X 射线望远镜的发明中起了关键作用。[2] 想要聚焦一束 X 射线，就必须改变其方向，但它们的能量非常大，用合适的镜子只能让光束偏转一个非常小的角度。数百万年前，龙虾的进化解决了在可见光范围里的一个类似问题，同样的几何结构也适用于 X 射线。对哺乳动物皮层的 V1 层的最新了解也可以移植到计算机视觉中，并有可能应用于诸如无人驾驶汽车、军用或民用卫星图像的机器解读等领域。

*

拓扑的核心问题是"这是什么形状？"，也就是说"我看到的是哪个拓扑空间？"。这听起来可能是一个老生常谈的问题，但数学以无数种方式向我们展示了拓扑空间——如图片、公式、方程的解。所以，想要辨别出自己得到了什么并不总是那么容易的。例如，只有拓扑学家才能"看到"猕猴脑中 V1 层的克莱因瓶。在观察到图示中的四个空间（圆柱体带、莫比乌斯带、环面、克莱因瓶）的拓扑特征时，我们就是在尝试解决这样的问题。19 世纪末 20 世纪初，数学家研究出了处理这个问题的系统化方法。其中的关键思想是定义拓扑不变量，它们是可以计算的性质，在等价的拓扑空间中是相同的，在不等价的空间里则至少存在一些不同。通常这些分类不够敏感，无法区分所有不同的空间；但即使能区分一部分分类也是有用的。如果两个空间存在不同的不变量，那么它们的拓扑肯定是不同的。在考虑刚才提到的四个形状时，不变量指的是"有多少条边"以及"有多少个面"。

在过去的几十年里，有一些不变量变得更加有用，并且人们还构造出了一些非常重要的不变量。我现在想讨论其中的一种，一部分原因是最近用它实现了一些严肃的应用，它就是同调。本质上，它计算的是给定维度的空间里有多少洞。事实上，它比单纯的计数更进一步：它把洞和非洞结合到同一个代数对象中，这个代数对象就是同调群。

还有一个非常基本的拓扑空间我尚未提及，那就是球面。和环面一样，当数学家用这个词的时候，他们指的是无限薄的球面，而不是实心的，那是球体。球面没有边，就像环面和克莱因瓶一样。我们可以通过观察是否有洞来证明其在拓扑结构上与后两者是不同的。

让我们从环面开始讲。从视觉上可以发现环面中间有一个巨大的洞，球面则截然不同。但是，在不依赖于周围空间的情况下，如何用数学方法定义一个洞呢？答案是关注曲面上的闭合曲线。球面上的每一条闭合曲线都会构成一块区域的边界，就拓扑而言，该区域是一个圆盘，它是圆的内部。[3] 证明的过程相当困难，但确实可以完成，所以我们就认为它是正确的。在环面上，有些闭合曲线可以成为圆盘的边界，但有些则不行。事实上，任何"经过"孔的闭合曲线都不能作为圆盘边界。这个证明同样

在环面上，一些闭合曲线是圆盘的
边界，而另一些则不是

在球面上，所有闭合曲线
都是圆盘的边界

很棘手，但和刚刚一样，我们还是认为它是正确的。我们已经证明了球面在拓扑上不同于环面，因为"闭合曲线"和"（拓扑意义上的）圆盘的边界"属于拓扑性质。

你可以在更高的维度里运用这套规则。例如，在三维空间中，你可以用"（拓扑意义上的）球面"来代替"闭合曲线"，用"成为一个球体的边界"来代替"成为一个圆盘的边界"。倘若找到了一个不能成为球体边界的球面，这个空间就存在某种三维的洞。为了进一步解释洞的类型，早期的拓扑学家发现可以对闭合曲线（乃至球体）进行加减运算。接下来我只讨论曲面上的曲线；高维空间的情况类似，但更复杂。

基本上，我们可以通过把两条闭合曲线画在同一曲面上，从而实现加法。要加上整整一组曲线的话，就把它们全都画在一起。这里在技术上做了一些改进，通常在曲线周围标上箭头指示它们的方向会有一些帮助,而且,相同的曲线可以画很多次,甚至是负数次。在某种意义上,它差不多就是反方向地画正数圈相同的曲线,我很快就会对此做出解释。

对于一组曲线,如果用标记数值以表示需要画多少次,那么这组曲线叫作一个闭链。在一个表面上存在无穷多个可能的闭链,但从拓扑上讲,其中许多闭链和其他闭链是等价的。我刚刚说过,负的闭链与所有箭头相反的对应闭链是相同的。按照规定这是不对的,因为"相同"的意思是"恒等",但它们不是。不过,我们可以用数论家在模运算中使用的方法,在拓扑上让它们相同。在数论中,尽管 0 和 5 不一样,但可以假设它们是相同的,

环面上的闭链

为此得到以 5 为模的整数环 Z_5。在同调理论中，我们也这样处理，假设所有环绕圆盘的闭合曲线都与零曲线（没有重复画的曲线）相同。这种曲线叫作边界，我们说它同调于零。同样的想法可以扩展到闭链，所谓闭链同调于零，是指假设它是一个曲线的组合，而其中的每一条曲线都是一个边界。

如前所述，我们可以把闭链 C 和 D 加在一起得到 $C+D$，我们也可以通过将 D 上的箭头反转以实现减法，从而得到 $C-D$，只是 $C-C$ 不需要等于 0。这很麻烦，但还有一个办法可以解决——让它总是同调于 0。如果我们假设任何与 0 同调的东西都是 0，那么我们就能得到一个很好的代数对象，它就是曲面的同调群。实际上，我们可以在闭链上用代数实现"模"（即忽略）边界的运算。就像我们通过忽略 5 的倍数做算术 $(\mathrm{mod}\ 5)$。

这就是同调。

球面的同调群是平凡的：所有闭链都与 0 同调，即同调群只包含 0。环面的同调群不是平凡的，它上面的有些闭链并不同源于 0。结果表明，每个闭链都与前面图上标有"非边界"的整数倍同源，所以环面的同调群是整数集 Z 的变体。我将不再详细作图和计算，得到克莱因瓶的同调群是 $Z_2 \times Z_2$，即将整数对 (m, n) 做模 2 运算。所以它有一些洞,但和环面上(好吧,其实也不是环面"上")的洞不一样。

我之所以讨论结构如此复杂的同调群,是为了说明拓扑学家是如何构造不变量的。你唯一需要掌握的是每一个空间都有一个同调群,它是一个拓扑不变量,可以用它发现很多关于空间形状的信息。这就是拓扑。

*

同调群的历史可以追溯到恩里科·贝蒂和庞加莱始于 19 世纪末的开创性研究。他们的方法是计算拓扑特征,比如孔洞的数量。20 世纪 20 年代末,利奥波德·维托里斯、瓦尔特·迈耶和埃米·诺特重新将其纳入群论的理论体系,并很快实现了一般化的归纳。我所说的同调群只是这一系列同调群中的第一种,它定义了一维、二维、三维孔洞的代数结构等。与之对偶的概念是上同调,相关的概念是同伦,它讨论的是曲线如何变形以及将两端连接在一起,而不是曲线和边界关系。庞加莱知道这种结构有一个群,而这些群通常是不可交换的。如今,代数拓扑是一个宏大且高度技术性的学科,不断地有新的拓扑不变量被发现。

应用拓扑也是一门快速发展的学科。当新一代的数学家和科学家在他们母亲的膝盖上学习拓扑学时，他们发现拓扑学远没有老一代认为的那么奇怪。他们流利地使用着拓扑学语言，并开始发现将其应用于实际问题的新契机。视觉里的克莱因瓶是生物学前沿的一个例证。在材料科学和电子工程中，人们还发现了拓扑绝缘体之类的概念——通过改变电气特性的拓扑结构，材料可以从导电体转变为绝缘体。通过变形而保持的拓扑特征是高度稳定的。

应用拓扑学中最有前途的概念之一，是在纯数学家试图编写算法告诉计算机如何计算同调群时产生的。他们成功地改写了同调群的定义，使之更适合计算机计算。这些想法后来被证明是一种"大数据"分析的强大新方法。科学的各个领域都在使用这种广泛流行的方法，它用计算机寻找数据中的隐藏规律，顾名思义，当有大量的数据要处理时，这类方法的效果最好。幸运的是，今天的传感器和电子设备在度量、存储和操作海量数据方面非常出色。但不幸的是，收集完这些数据后，我们往往不知道该如何处理，这正是大数据在数学上面临的挑战所在。

假设度量了数以百万计的数，那么从概念上可以把它们绘制成多维变量空间中的点云。为了从数据云中提取有意义的规律，就要找到其中显著的结构特征。其中，最重要的是云的形状。仅仅在显示器上绘出点云然后盯着它们是不可行的，因为可能观察的角度是错的，也可能某些重要区域被其他点遮蔽了，还有可能变量太多以致无法被视觉系统正确处理。现在，我们已经知道，"这个东西是什么形状"是拓扑学的基本问题。因此，拓扑方法似乎可以派上用场。比如说，大致将一组球面数据云和有洞的环面数据云区分开来。我们为第八章提到的FRACMAT 项目做过一个雏形。那次关键的是点云聚成什么形状（是圆形的还是雪茄状的），而更精细的拓扑细节并不重要。

一百万个数据点的拓扑是不能用手工研究的，必须使用计算机。但是，计算机不是为了分析拓扑结构而造出来的。因此，数学家发展起来的用计算机计算同调群的方法被重新引向大数据领域。和往常一样，倘若不对这些方法加以改造，它们并不能胜任我们所希望的那些工作。它们必须被调整以适应大数据的新要求，其中最主要的一点是，数据云的形状并不是那种定义明确的东西。具体来说，这是由观察它的尺度决定的。

想象一下，假如有一根软管绕成了一卷。倘若从不远不近的距离看，一段软管看起来像是一条曲线，它在拓扑上是一维的物体。靠近一点，它看起来像是一个长圆柱形表面。再靠近一点，就会发现它的表面有厚度，并且在圆柱体的中间有一个洞。但要是后退几步，那么从宽视角看软管的话，它又卷曲得像一个压缩的弹簧。要是更粗线条地看，它就会模模糊糊地变成……一个环面。

这种效应意味着，数据云的形状不是一个固定的概念。所以同调群也算不上是什么好主意。取而代之，数学家提出的问题是，随着观测尺度的变化，数据云的拓扑结构是如何变化的。

从云和选定的标尺长度入手，只要两个点的距离比标尺长度小，就可以用一条边将这两个点连接起来，生成拓扑学家所说的简单复形。然后邻接的边组成三角形，邻接的三角形构成四面体，以此类推。多维四面体被称为单纯形，以某种方式连接在一起的单纯形组合被称为单纯复形。在这里，它还有一个更简单的名字——"三角剖分"。请记住，这里的三角形维度可以是任意的。

一旦有了三角剖分，就会有数学规则来计算同调性。但现在，三角剖分取决于观测尺度，所以同调性由它决定。人们感兴趣的形状问题就变成：三角剖分的同调性是如何随着尺度的变化而变化的。形状的最重要特征应该比对尺度敏感的临时性特征更不容易发生变化。所以我们

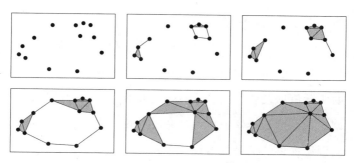

连接距离不同的数据点，从而构建出一个三角剖分序列，这展示了不同尺度的孔洞。持续同调性会检测这些效应

可以把重点放在一些特别的同调群性质上，这些性质在尺度变化时保持不变。由此得到的不仅仅是一个同调群，它们在每个尺度上都有一个，这一整个"家族"被称为持续同调。

　　这六幅图的顺序显示了在不同尺度下哪些点连接在一起。随着标尺长度的增加，我们观测的结构也越来越粗糙，最初离散的点云开始形成小团块，其中一个有一个小孔洞。随着孔洞被填满，团块开始变大。然后，这些团块合并成一个环，并出现一个大孔洞。接着，团块开始变厚，但大孔洞仍然在，直到标尺长度大到所有东西都被填满。这是一组示意图，为了清晰起见，计算机算法可能涉及的细节在这里被省略了。标尺长度最大时的主要特征是中间的大孔洞。

请注意，这种描述包括距离信息和拓扑。从技术上讲，拓扑变换不需要限定距离，但在数据分析中，数据的实际值以及整体拓扑形状都是重要的。因此，持续同调既关注度量性质，也关注拓扑性质。有一种表示持续同调所提供的信息的方法，就是构建一种条码，这种条码用横线来表示特定的同调特征（如孔洞）所保持的范围。例如，示例点云的条码大致如下图所示。条码是拓扑结构如何随尺度变化的示意性总结。

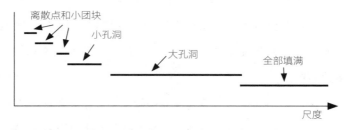

持续同调的条码显示了各种结构在哪种尺度上存在（示意图）

*

持续同调和用来表示它的条码都很巧妙，但它们有什么好处呢？

想象一下，倘若你在经营一家公司，你的办公室位于一片树林的空地上，窃贼可以穿过树林偷偷过来，所以你安装了一组传感器，每个传感器都能探测到运动，并与相邻的传感器实现交互。你在晚上把它们打开，只要有人靠近，不管是否得到授权，传感器都会触发警报，随后保安就会去检视一番。你也可以把自己想象为一名将军，在某个恐怖组织活跃的地带负责一个军事基地。你当然也会做相同的事，只不过这回配着武器。

如何确保传感器的覆盖范围足够，而不让罪犯或恐怖分子有可乘之机呢？

如果用的传感器数量较少，你可以画下它们的分布图并认真研究。当传感器数量变多，或者因地形不同而受到限制，这种方法就不实用了。所以你需要一种方法来检测传感器覆盖所留下的漏洞……检测"洞"？这听起来像是在研究一个持续同调性方面的工作。事实上，这就是这个新想法的众多用途之一。还有一种类似的应用叫"障碍覆盖"，用来确定一组传感器是否完全包围了某个重要建筑或建筑群。"全面覆盖"则是指可以运动的传感器，它适用于家用或商用的扫地机器人。这些机器人会清洁所有地面吗？

结合我在第八章中提到的用于重建动态吸引子的滑动窗口方法，持续同调还有更多与科学有关的应用。它可以检测到吸引子的拓扑结构发生明显变化。在动力系统理论中，这种效应被称为"分岔"，它标志着动力学中的重大变化。它还有一种重要的应用，是关于在数百万年里的地球气候的，用以考察地球是如何从暖期转变为冰河期，甚至是完全被冰雪覆盖的雪球期的。杰西·伯沃尔德和他的同事已经证明，滑动窗口数据云的条码在识别整体气候状况的变化方面做得很好。[4] 同样的方法也适用于不同的物理系统，例如用于制造的机床的振动，这种振动会在制造时在物体表面留下恼人的缺陷和痕迹。菲拉斯·哈苏奈和伊丽莎白·芒奇已经证明，测量刀具的时间序列可以捕捉到这种振动，用行话说这叫"震颤"。[5] 它还可以用于医学成像，如克里斯托弗·特拉利和乔斯·佩罗在喉视频内窥镜中检查双发声。[6] 当声带同时产生两种频率的声音时，就会发生这种症状，这意味着病变或麻痹。内窥镜检查是在光纤的末端接入一个摄像头，然后从鼻子插到咽喉。萨瓦·埃姆兰尼[7] 等人已经实现了在音频数据上用条码来检测患者的喘息，这是一种异常的高音，这表明患者可能有呼吸道部分阻塞或是肺部疾病，如哮喘、肺癌和充血性心力衰竭。

你的数据有问题吗？很想要得到帮助吗？请拓扑学家来看看。

14
狐狸和刺猬

狐狸知道很多事情，但刺猬知道一件大事。

——被认为是阿尔基洛科斯所作，约公元前650年

在为这本书寻找灵感的时候，我偶然发现了这则格言：Πόλλ' οἶδ' ἀλώπηξ, ἀλλ' ἐχῖνος ἕν μέγα。我在学校学的是拉丁语，不是希腊语，但数学家认识希腊字母。就连我都能认出"echinos"和"mega"，然后推理出这里说的是关于一只大刺猬的事。其实翻译过来就是：狐狸知道很多事情，但刺猬知道一件大事。这可能是古希腊诗人阿尔基洛科斯写的，但我们并不确定。

我应该是狐狸还是刺猬呢？我是应该试着说说过去五十年里，数学界数不胜数的惊人发现和它们的应用，

还是应该专注于某件大事呢？

我决定两者都做。

你已经费力地读完了狐狸的部分，有整整十三章。

现在该轮到刺猬的部分了，让我们总结一下。

回顾已经讨论过的话题，我对数学在不同领域的丰富性和多样性感到惊讶，如今，这些领域已经和构成 21 世纪初生活特点的系统和设备密不可分。不仅对西方国家的富人（不过他们可能比不太富裕的人受益更多），对世界上每个国家的数十亿人来说也是如此。移动电话给发展中国家带来了现代通信。它现在无处不在，并且改变了一切。改变并不总是好的，它是一把双刃剑。但倘若没有数学，没有受过高等数学训练的人，就不会有手机。

我也意识到，因为篇幅有限，还有大量应用我没能提到。你从本书读的这些，并不一定是最好的、最重要的、最令人印象深刻的或是最有价值的。它们只是引起我注意的应用，因为它们用到的是好的（通常也是新的）数学，这些数学被用于一个令人惊讶的领域，因为它们根本不是为了那个目的而发明的。我也把目标放在了多样性上——我不认为把书的 90% 花在应用偏微分方程上是有意义的，尽管很容易就能找到足够多的材料并证明其重要性。我想向你们展示数学的多样性和广泛的用途，以及它和整个人类的关联。

为了聊以慰藉，我将简要列举数百种其他应用中的若干，它们是我本可以详细说说的。甚至连这些也只是冰山一角。在创作这本书的时候，我整理了一个文件，这些例子就是从文件里摘录的，我没有对它们进行排序。

预测洪水的规模。

用大数据分析莱姆病[*]。

需要摇几下才能把番茄酱从瓶子里倒出来。

如何优化锯木厂的木材使用。

实现为房子或管道保温的最佳方法。

检测算法中的（种族和性别）偏差。

工程框架的刚度，如建筑物的钢框架。

癌症细胞的计算机识别。

在玻璃板生产中提高厚度的一致性。

混凝土固化时所产生的二氧化碳。

办公楼的万能钥匙系统设计。

虚拟心脏的计算机建模。

---

[*] 一种自然疫源性疾病，传播媒介为硬蜱。症状早期以慢性游走性红斑为主，中期表现神经系统及心律异常，晚期主要是关节炎。

设计能抵抗飓风的建筑。

发现物种之间的祖先关系。

规划工业机器人的运动。

牛的流行病学研究。

交通队列。

建造能感知天气的电网。

提高社区抵御飓风风暴潮的能力。

水下通信电缆。

在结束战争的国家探测地雷。

帮助航空公司预测火山灰尘的运动。

减少电网电压波动。

在 COVID-19 大流行时提高病毒检测的效率。

这些主题都应该有属于自己的章节，它们为数学可以造福地球上每个人的方式的多样性提供了更多例子。

*

就像上面这些例子以及我已详细讨论过的其他例子所表明的那样，数学的各种应用是令人难以置信的，尤其当你意识到其中的大部分最初是由于别的原因产生的，甚或只是因为某位数学家在某个时候认为它可能很有趣。这再次让人想起1959年困扰维格纳的那个深刻的哲学问题，而且（至少对我来说）它如今仍然和当年一样令人费解。要说有什么不一样的话，那就是它更令人费解了。维格纳主要关注数学在理论物理领域所表现的出人意料的效果，但现在我们发现，它在更广泛、更直接的人类活动中也是出人意料地有效，其中大多数甚至与数学没什么明显的联系。

和维格纳一样，我不接受许多人提出的解释：数学源于现实世界，因此它在现实世界里一定有效。正如我已经说过的，我认为这个说法没有抓住本质，尽管它可以很好地解释一些合乎情理的有效性。我用本书中提到的故事作为例证，解释了其中的一些特征，它们让数学在显然与其起源并无瓜葛的领域发挥了作用。数学家和哲学家本杰明·皮尔斯将数学定义为"能得出必要结论的科学"。给定条件，会有什么结果？这是一个非常普遍的问题，与数学之外的大多数问题一样。因为如今的数学是非常一般化的，它准备了一套有用的工具来回答这样的问题，只等着人们来使用。为了决定锤子是否值得拥有，你不需要想象锤子的全部用途。能够拼拆东西，就是一项可能具有广泛用途的通用技术。锤子能完成一项任务，就能完成别的任务。在某种应用中得到完善的数学方法，往往可以在经过适当修改后移植到其他应用中。

我还喜欢的另一个定义是由林恩·阿瑟·斯蒂恩提出的，他认为数学是"重要形式的科学"。数学是关于结构的，它利用这些结构来理解问题。同样，这种观点具有相当大的普遍性，经验表明它能够切入问题的核心。第三个定义比较"躺平"：数学是"数学家做的工作"。我们还要加上一句：数学家是"做数学的人"。我想我们可比这句赘言做得更好。商业是"商人做的工作"，而商人是"从事商业活动的人"吗？是的，但事情远不止于此。让一个人成为成功企业家的并不是把生意做得很成功，而是发现了商机——做那些别人没注意到的生意。同样，数学家是那些发现机会，去研究被别人忽视的数学的人。

方法就是用数学去思考。

几个世纪以来，数学家已经在思维方式上形成了一种条件反射，从而触及问题的核心。这个问题的现实背景是什么？有哪些可能性？表达相关属性的自然结构是什么？哪些特征是基本的？哪些是无关紧要的细节？哪些是可以忽略的干扰项？如何忽略它们？余下的自然结构又是什么样的？数学界通过无数难题练就了这些方法，把它们提炼成优雅而有力的理论，并用现实世界的问题来检验它们。它们已经变得越来越通用,联系越来越紧密,功能越来越强大,可移植性越来越好。

也许数学的有效性并不是那么出人意料。也许这根本就不是一个谜。

*

想象一个没有数学的世界。

我听到很多人在狂欢,而我也很理解他们,因为要别人也喜欢我所喜欢的,是毫无道理的。但我不是在说具体的某个人不要学习数学。这不是个人问题。

假设在广袤的宇宙中有一个消耗大量数学的外星文明。我是认真的。某些物理学家认为,数学在解释宇宙时具有出人意料的效果,因为宇宙是由数学构成的。数学不是用来理解事物的人类技术,它是真实的,是一种无形的物质,存在于一切事物之中。

就我个人而言,我认为这种观点有点儿疯狂,它使哲学难题变得微不足道,但外星人知道我并不正确。10亿年前,他们发现宇宙实际上是由数学组成的。他们的文明大量地消耗数学,就像我们消耗地球上的许多资源一样。事实上,外星人已经消耗了太多的数学,倘若不是因为解比较简单，他们早就把它用完了。外星人的技术极其先进，他们也极其好斗，所以会派遣庞大的宇宙飞船舰队在各个星球之间穿梭，这些飞船"武装到牙齿"，只为寻找新生命，并帮助他们自己学习数学。

"数学生物"来了。

当他们来到一个新的世界时，会吃掉这个世界里所有的数学。不只是概念，还有虚无的物质本身——一切需要数学的东西都消失了，因为它们失去了支撑。"数学生物"喜欢更精致的食物，所以他们从最高级的数学开始，一路吃到最普通的。当他们吃到长乘法时，通常就会撤离，因为他们觉得基本算术并不美味，所以他们攻击的那个世界的文明不会全然崩溃。然而，这时留下的是昔日辉煌的苍白残影，银河系到处都是行星，居住在上面的原住民被推回到黑暗时代，他们没有逃脱的希望。

倘若"数学生物"明天来了，我们会失去什么呢？

我们或许不会注意到作为前沿研究的纯数学消失了。虽然其中的一部分可能在一个世纪后变得极其重要，但现在并不是必需的。但当"数学生物"从象牙塔上爬下来时，一些重要的东西开始消失。首先不见的是计算机、移动电话和互联网，这些东西是地球上最复杂的数学产品。接下来是与太空飞行有关的一切：气象卫星、环境卫星、通信卫星、卫星导航系统、飞机导航系统、卫星电视、太阳耀斑观测站等。发电站无法运转，工业机器人逐渐瘫痪，制造业停摆，而我们从真空吸尘器用回到扫帚。没有计算机，我们就无法设计喷气式飞机，我们需要空气动力学才能搞清楚它们保持飞行的原因。收音机和电视机在外星人的硝烟里消失了，因为这些技术需要关于电磁波的麦克斯韦方程组。所有大型建筑都会倒塌，因为它们的设计和建造严重依赖计算机方法和弹性理论，只有它们才能确保结构的完整性。没有摩天大楼，没有大型医院，也没有体育场。

历史在倒退。我们已经回到了一个世纪前的生活状态，而"数学生物"几乎还没有正式开吃。

有些损失可以算是好事，比如核武器，以及其他大多数用到数学的军事应用，不过我们也失去了自卫能力。数学本身是中性的，好坏取决于人们用它做什么。

有些损失好坏参半。银行关闭了对股市的所有投资，因为它们不再具有预测股市走势的能力，从而将金融风险降至最低。银行家不喜欢风险，除非是那些在金融系统崩溃之前他们也不知道的风险。这削弱了我们对金钱所具有的自我毁灭般的痴迷，但也让许多有用的项目无法融资。

然而，大多数损失很糟糕。天气预报又变成了用人工观测风向。医学不再具备扫描和模拟传染病传播的能力，尽管它还留下了麻醉剂和 X 射线。任何依赖统计的东西都像渡渡鸟一样绝迹。医生不能再评估新的药物和治疗方法的安全性和有效性。农业无法再评估动植物新品种的好坏。制造业不能再进行有效的质量控制，所以人们购买的一切（当然是还能买到的有限商品）都是不可靠的。政府失去了预测未来趋势和需求的能力，他们也许原本在这方面做得并不太好，现在则更差了。我们的通信又回到了原始状态，甚至连电报都没有，最快的方式就是用马传递信件了。

　　此时，我们已经无法养活目前的人口数量。用以种植更多粮食和实现远洋运输的那些熟练技艺已经失效，我们不得不改用帆船。此刻，疾病肆虐，数十亿人饿死。世界末日已然来临，它正在等着少数幸存者为我们这个世界仅存的一点东西而战。

*

　　你可能觉得我假想的这一切有些夸张。不过我坚持认为，这里唯一夸大的是把数学比喻成一种食物。人类活动的运转确实依赖数学。那些认为数学毫无用处的人的日常生活，在不知不觉中仰仗着那些知道这个说法是不对的人的活动。这绝不是他们的错，因为这些活动都发生在幕后，只有专家才有可能察觉。

我并不是说"没有数学，我们还过着穴居生活"，因为我确信没有数学，我们也会找到其他前进的方法。我也绝对不是在说"我们取得的进步只应该归功于数学"。在与人类面临的问题和设想的目标相结合方面，数学是最有用的。但我们之所以能走到今天，是因为数学以及其他所有一切，是它们一起把我们带到了今天。现在，我们已经将数学深深地嵌入技术和社会结构中，倘若没有它，我们将面临一种可怕的状态。

在第一章里，我曾引用数学的六大特征：实在性、美、普遍性、可移植性、统一性和多样性。我认为，把这些结合到一起就会产生效用。通过这十三章的阅读，你对这番评论又有何想法呢？

我们所讨论的许多数学概念源于现实世界。数、微分方程、旅行商问题、图论、傅里叶变换、伊辛模型，它们无不如此。数学从自然中获得灵感，并因此变得更好。

这门学科所派生的其他分支，很大程度上源于纯粹数学家对美的追求。因为有些数有两个平方根，有些数没有平方根，这样很难看，于是有了复数。因为人们喜欢寻找数的规律，于是有了模算术、椭圆曲线以及其他数论知识。深入研究某个有趣的几何问题，于是有了拉东变换。一个世纪以来，拓扑学几乎与现实世界没什么关系，但它是数学大厦的核心，因为它关乎连续性，而连续性是数学的基础。

普遍化的理念随处可见。欧拉并没有只处理柯尼斯堡问题，他解决了所有类似的问题，从而创造了数学的新领域——图论。基于模算术的编码引发了计算复杂度和 P=NP 的问题。复数启发了哈密顿的四元数。数学家将数学分析推广到泛函分析，用无穷维函数空间代替有限维空间，用泛函和算子代替函数。远在物理学家研究量子理论之前，数学家就发明了量子理论的希尔伯特空间。拓扑学始于莫比乌斯带这样的小玩意儿，而后发展成人类思想中最深刻、最抽象的领域之一。如今，它也开始在日常生活中得到应用。

我们遇到的许多方法都是可移植的，所以它们可以用在所有地方，无论其源于哪里。图论出现在肾脏移植的医学问题中，出现在旅行商问题中，出现在可以保护数据不受量子计算机攻击的量子密码（膨胀图）中，出现在卫星导航选择合理路径的过程中。傅里叶变换最初被用于研究热流，但它的"表亲"包括用于医疗扫描仪的拉东变换，用于 JPEG 图像压缩的离散余弦变换，以及 FBI 用于有效存储指纹的小波变换。

数学的统一性也是贯穿本书的主线。从图论延伸进拓扑学，复数出现在数论问题中，模算术启发了构造同调群。卫星导航系统将至少五个不同的数学分支（从伪随机数到相对论）统一在同一个应用里。动力学不但助力卫星入轨，还给出了一种新的弹簧质量控制方法。

那么多样性呢？本书中提到的几十个不同的数学领域之间通常是彼此关联的。它们的范围从数字到几何，从无理数到克莱因瓶，从如何公平分蛋糕到气候模型。通过将概率（马尔可夫链）、图以及运筹学（蒙特卡罗法）结合在一起，提高了患者获得肾移植的机会。

至于用途，要说有什么不同的话，那就是应用范围变得更加多样化，从电影动画到医学，从弹簧生产到摄影，从互联网商务到航线，从手机到安全传感器……数学无处不在。而我只是展示了其中的一小部分，它们无声无息地让这个世界运转着。而其中大部分我甚至都不知道，毕竟，许多最好的想法都还是商业秘密。

关键在于，这就是我们需要尽可能多的人最大限度地掌握数学知识的原因。这不仅仅是为了个人利益，我承认，对我们大多数人来说，所学的数学知识并不能被直接使用。但所有事情都是这样的。我在学校学历史，它当然让我对我所身处的文化有了更好的理解，也让我接受了殖民主义的宣传，而现在看来，这种宣传似乎越来越片面。我在工作和生活中不会用到历史，但我会发现它很有趣（随着年龄的增长，这种感觉越来越强烈），我很高兴有历史学家在使用它，而我也完全不会建议停止教授这门课。数学对如今的生活方式至关重要——这点是毫无疑问的。此外，我们也很难预测哪些内容在未来可能对我们有用。除非需要，帮我装修浴室的泥瓦匠斯宾塞并不会认为 π 有用。

数学是人类最伟大的成就之一，需要正确理解它是一门丰富而具有创造性的学科，它不是许多人想象中的低级漫画——这不仅是智力上的，而且是实践上的。然而我们却把它藏在暗处。在现实世界试图把它从我们身边夺走（就像前面的科幻故事里的"数学生物"所做的）之前，是时候把它公之于众了。

是的，狐狸知道很多事情，但数学家只知道一件大事，那就是数学，它正重塑我们的世界。

图片来源

第 121 页：Tommy Muggleton (Redrawn).

第 282 页：Jen Beatty. "The Radon Transform and the Mathematics of Medical Imaging" (2012). *Honors Theses*. Paper 646. https://digitalcommons. colby.edu/honorstheses/646.

第 318 页：维基百科。

第 355 页：Yi-Ping Ma.

第 368 页：G.G. Blasdel. "Orientation selectivity, preference, and continuity in monkey striate cortex". *Journal of Neuroscience* 12 (1992) 3139–3161.

译后记

这次的翻译工作是临时受命的。感谢胡智杰老师的推荐，也感谢理想国编辑的信任，使我得以完成翻译第四本伊恩·斯图尔特教授的著作。和过去一样，我在翻译过程中和教授保持了良好的沟通，他甚至连翻译用的电子版原书都帮我更新了。我向他请教细节问题，协助他勘校瑕疵，还请他撰写了中文版序言。

本书通过大量最近的"数学之用"，生动地向读者介绍了数学的本质。因为是科普类书籍，所以书中并没有精确且系统地介绍数学知识，但其内容的前沿性是毋庸置疑的。比如在加解密的应用里，作者提到了对抗"量子霸权"的数学算法——原来，长久以来一直以为量子计算机的出现会终结加密与解密的对抗的想法是有偏差的。

本书第一章由胡老师翻译，余下章节由我翻译。第一章类似引言，斯图尔特教授将数学的特征归纳为实在性、美、普遍性、可移植性、统一性、多样性，而这些特征共同组成了数学的实用性。作者在第二章至第十三章里，用大量看似与数学无关的例子反复说明了数学作为人类的思维结晶，只要运用得法，便可成为无坚不摧的利器。在最后一章中，作者用一个有趣而生动的"科幻"小故事，为我们展示了数学在时下人类生活中的重要性。

在我看来，这种用看似无关的数学结果去解决问题的场景在校园学习中也是常见的。当小学生用最简单的整除规则验算计算结果，当初中生用几何意义去理解绝对值的概念，当高中生用向量重新认识运动和力，无不是在用"跨界"的工具探寻事物的结果，只不过这些应用是在"解题"而已。所谓数学之用，其实是人类的脑力之用。

本书所涉邻域众多，内容具有前沿性，因此有些术语的译法尚未定型，我只能把它们尽量准确地呈现给读者，这离不开编辑老师和其他审读老师的帮助和指正。在翻译过程中，我也得到了我的家人和朋友的帮助，在此谨致谢意。随着小女珺捷的成长，她对译稿也提出了越来越多的修改意见。尽管如此，本书难免存在各种疏漏和错误，欢迎读者发送邮件到 dr.watsup@outlook.com 和我交流探讨。希望这本关于数学应用的书，能让读者脑洞打开，在各自的领域里插上属于自己的数学翅膀，让自己的学习和工作之旅飞得更有效、更稳定、更轻松，在现实世界里，完成一个又一个蕴含数学思想的最佳实践。

何生

2021 年 12 月

注释

01　出人意料的效果

1　2012 年，德勤会计师事务所进行了一项调查，目的是评估英国数学研究的经济效益。当时，英国有 280 万人从事数学工作，其中包括纯数学、应用数学、统计学和计算机科学。数学在该年为英国经济贡献了 2080 亿英镑（总增加值），它略低于 2020 年的 2500 亿英镑（约 3000 亿美元）。这 280 万人占英国劳动力的 10%，而对经济的贡献则为 16%。其中最大的贡献来自银行、工业研发、计算机服务、航空航天、制药、建筑和建造。该报告里的例子包括智能手机、天气预报、医疗保健、电影特效、提升体育成绩、国家安全、传染病管理、互联网数据安全以及提高生产效率等。

2　参见：https://www.maths.ed.ac.uk/~v1ranick/papers/wigner.pdf。

3　公式是：

$$\frac{1}{\sigma\sqrt{2\pi}}\,e^{-\frac{1}{2}\left(\frac{x-\mu}{\sigma}\right)^2}$$

其中 x 是随机变量的值，μ 是均值，σ 是标准差。

4 维托·沃尔泰拉（Vito Volterra）是一位数学家和物理学家。1926 年，他的女儿看上了海洋生物学家翁贝托·狄安科纳（Umberto D'Ancona），并在随后与他结婚。狄安科纳发现，在第一次世界大战期间，尽管渔民总的捕鱼量有所减少，但他们捕获掠食性鱼类（鲨鱼、鳐鱼、剑鱼）的比例增加了。沃尔泰拉基于微积分完成了一个简单的模型，用以说明掠食者和猎物的数量是如何随时间而变化的。该模型表明，系统在掠食者和猎物于"繁荣—衰败"的循环中交替出现。关键在于，就平均而言，掠食者数量的增加会比猎物的多。

5 毫无疑问，牛顿也用到了他的物理直觉，历史研究表明，他可能是从罗伯特·胡克（Robert Hooke）那里剽窃了这个想法，但只有想法是没有用的。

02　政客是如何收割选民的

1 参见：www.theguardian.com/commentisfree/2014/oct/09/virginia-gerrymandering-voting-rights-act-black-voters。

2 时间不是唯一需要考虑的问题。在 1787 年的制宪会议上，詹姆斯·威尔逊（James Wilson）、詹姆斯·麦迪逊（James Madison）等认为普选是最好的选择。然而，现实问题是谁有投票权，北方和南方各州之间的分歧很大。

3 1927 年，E. P. 考克斯（E. P. Cox）在古生物学中采用相同的指标来评估沙粒的圆度，这有助于辨别风沙和水沙，以佐证史前的环境条件。参见：E. P. Cox. 'A method of assigning numerical and percentage values to the degree of roundness of sand grains', *Journal of Paleontology* 1 (1927) 179–183。1966 年，约瑟夫·施瓦茨贝里（Joseph Schwartzberg）提出计算某个区域的周长与该区域面积相等的圆的周长之比。这是波尔斯比—波佩尔值的平方根的倒数，所以它的排名方式是一样的，只不过数值不同。参见：J. E. Schwartzberg. 'Reapportionment, gerrymanders, and the notion of "compactness"', *Minnesota Law Review* 50 (1966) 443–452。

4 因为她包围的山是一个曲面，因而围进圆圈里的面积更大。

5 V. Blåsjö. 'The isoperimetric problem', *American Mathematical Monthly* 112 (2005) 526–566.

6 对半径为 r 的圆而言，

$$周长 = 2\pi r$$

$$面积 = \pi r^2$$

$$周长^2 = (2\pi r)^2 = 4\pi^2 r^2 = 4\pi\,(\pi r^2) = 4\pi \times 面积$$

7 N. Stephanopoulos and E. McGhee. 'Partisan gerrymandering and the efficiency gap', *University of Chicago Law Review* 82 (2015) 831–900.

8 M. Bernstein and M. Duchin. 'A formula goes to court: Partisan gerrymandering and the efficiency gap', *Notices of the American Mathematical Society* 64 (2017) 1020–1024.

9 J. T. Barton. 'Improving the efficiency gap', *Math Horizons* 26.1 (2018) 18–21.

10 在 20 世纪 60 年代早期，约翰·塞尔弗里奇（John Selfridge）和约翰·霍顿·康韦（John Horton Conway）分别发现了一种三人分蛋糕的无嫉妒方案：

1 艾丽斯把蛋糕切成她认为相等的三块。

2 鲍勃如果认为蛋糕有两块以上是一样大的，那么他便认可艾丽斯的分法，否则，他就把最大的那块切出一小块，并把这一块"剩余蛋糕"摆在一边。

3 按照查理、鲍勃、艾丽斯的顺序，让他们选自己认为最大的一块蛋糕。如果鲍勃没有认可艾丽斯的分法，那么他就必须选那块他重新切过的蛋糕，除非那块蛋糕已经被查理选了。

4 如果鲍勃认可艾丽斯的分法，就不存在"剩余蛋糕"，那么分配完毕。否则，鲍勃或查理就会拿那块重新切过的蛋糕。我们把拿这块蛋糕的人称为"不切蛋糕的人"，称另一个人为"切蛋糕的人"。由"切蛋糕的人"把"剩余蛋糕"再切一次，分成他认为相等的三块。

5 按照"不切蛋糕的人"、艾丽斯、"切蛋糕的人"的顺序再拿一遍由"剩余蛋糕"切出来的部分。他们都没有任何理由去嫉妒其他人拿到的蛋糕。因为如果他们觉得别人的蛋糕好，是他们自己选得不对，当时应该去拿自己满意的。

证明参见：维基百科"Selfridge-Conway_procedure"。

11 S. J. Brams and A.D. Taylor. *The Win-Win Solution: Guaranteeing Fair Shares to Everybody*, Norton, New York (1999).

12 Z. Landau, O. Reid, and I. Yershov. 'A fair division solution to the problem of redistricting', *Social Choice and Welfare* 32 (2009) 479–492.

13 B. Alexeev and D.G. Mixon. 'An impossibility theorem for gerrymandering', *American Mathematical Monthly* 125 (2018) 878–884.

03   让鸽子开公交车

1 B. Gibson, M. Wilkinson, and D. Kelly. 'Let the pigeon drive the bus: pigeons can plan future routes in a room', *Animal Cognition* 15 (2012) 379–391.

2 我最喜欢的一个例子是：某位政客对把金钱浪费在所谓的"Lie Theory"上小题大做，他把"Lie"当成了"说谎"。而实际上，Lie 是挪威数学家 Sophus Lie（发音为"李"）的姓，他在连续对称群（李群）和相关代数方面的研究是大部分数学的基础，这对物理学尤甚。人们很快就指出了这位政客的误读，但他一如既往地固执己见。

3 出于一些技术上的原因，用拼图游戏打比方并不能解决这个悬赏的问题。如果能解决，那我早就拿到奖金了。

4 M. R. Garey and D. S. Johnson. *Computers and Intractability: A Guide to the Theory of NP-Completeness*, Freeman, San Francisco (1979).

5 G. Peano. 'Sur une courbe qui remplit toute une aire plane', *Mathematische Annalen* 36 (1890) 157–160.

6 需要注意的是，一些实数用小数表示时并不唯一。例如 0.500000⋯ =0.499999⋯，但这很容易解决。

7   E. Netto. 'Beitrag zur Mannigfaltigkeitslehre', *Journal für die Reine und Angewandte Mathematik* 86 (1879) 263–268.

8   H. Sagan. 'Some reflections on the emergence of space-filling curves: the way it could have happened and should have happened, but did not happen', *Journal of the Franklin Institute* 328 (1991) 419–430. 解释参见：A. Jaffer. 'Peano space-filling curves', http://people.csail.mit.edu/jaffer/Geometry/PSFC。

9   J. Lawder. 'The application of space-filling curves to the storage and retrieval of multi-dimensional data', PhD Thesis, Birkbeck College, London (1999).

10 J. Bartholdi. 'Some combinatorial applications of spacefilling curves', www2.isye.gatech.edu/~jjb/research/mow/mow.html.

11 H. Hahn. 'Über die allgemeinste ebene Punktmenge, die stetiges Bild einer Strecke ist', *Jahresbericht der Deutschen Mathematiker-Vereinigung*, 23 (1914) 318–322. H. Hahn. 'Mengentheoretische Charakterisierung der stetigen Kurven', *Sitzungsberichte der Kaiserlichen Akademie der Wissenschaften, Wien* 123 (1914) 2433–2489. S. Mazurkiewicz. 'O aritmetzacji kontinuów', *Comptes Rendus de la Société Scientifique de Varsovie* 6 (1913) 305–311 and 941–945.

12 见 1998 年出版的 S. Arora, M. Sudan, R. Motwani, C. Lund, and M. Szegedy. 'Proof verification and the hardness of approximation problems', *Journal of the Association for Computing Machinery* 45 (1998) 501–555。

13 L. Babai. 'Transparent proofs and limits to approximation', in: *First European Congress of Mathematics. Progress in Mathematics* 3 (eds. A. Joseph, F. Mignot, F. Murat, B. Prum, and R. Rentschler) 31–91, Birkhäuser, Basel (1994).

14 C. Szegedy, W. Zaremba, I. Sutskever, J. Bruna, D. Erhan, I. Goodfellow, and R. Fergus. 'Intriguing properties of neural networks', arXiv:1312.6199 (2013).

15 A. Shamir, I. Safran, E. Ronen, and O. Dunkelman. 'A simple explanation for the existence of adversarial examples with small Hamming distance', arXiv:1901.10861v1 [cs.LG] (2019).

04　柯尼斯堡和肾脏

1　不要和函数的图像混淆，它是一条关于变量 x 和函数值 $f(x)$ 的曲线。比如抛物线 $f(x)=x^2$。

2　感谢罗宾·威尔逊（Robin Wilson）在我的另一本书中指出了这一点。

3　若是知道从哪个区域开始，按照过桥的顺序，只要列出表示桥的字母就够了。连续的桥能确定一个共同的区域，因为它们都和该区域相连。

4　用欧拉对开放路径的描述很容易证明这一点。主要的思想是通过切断某座桥来打破假设的封闭路径。这样，就会有一条开放路径，而那座被切断的桥最初连接着路径的两端。

5　本章的剩余部分基于：D. Manlove. 'Algorithms for kidney donation', *London Mathematical Society Newsletter* 475 (March 2018) 19–24。

05　在电子空间保持安全

1　费马提出他的最后定理的确切日期并不确定，但通常认为是 1637 年。

2　同样的情况也适用于许多应用数学。然而，它们之间是有区别的，即数学家的态度。纯数学是由数学的内在逻辑驱动的，它不仅仅是好奇心，还有某种对结构的感觉，以及某种不足为外人道的使命感。应用数学主要是由"现实世界"里出现的问题驱动的，但它更包容那些通过未经证明的捷径以及一些近似值来寻求答案，而答案本身可能和现实也没什么关系。然而，正如本章所阐明的，一个在历史上的某个时刻看起来毫无用处的主题，在文明和技术发生变化后，可能会突然变得对实际问题至关重要。此外，数学是一个彼此相互联系的整体，即使是纯数学和应用数学的划分也是人为的。某个定理，即使它本身看起来毫无用处，也可能会激发甚至包含巨大的效用。

3 答案是：

$p=12\,277\,385\,900\,723\,407\,383\,112\,254\,544\,721\,901\,362\,713\,421\,995\,519$

$q=97\,117\,113\,276\,287\,886\,345\,399\,101\,127\,363\,740\,261\,423\,928\,273\,451$

我通过试错找到了这两个质数，然后用计算机上的符号代数系统将它们相乘。这花了我几分钟的时间，大部分时间我都在随机替换数字，直到碰巧发现了一个质数。然后我让计算机计算这个积的因数，它算了很久也没算出结果。

4 如果 n 是质数幂 p^k，那么 $\varphi(n)=p^k-p^{k-1}$。对质数幂的乘积 n 而言，将其所有质因数的幂的表达式相乘。例如，要求 $\varphi(675)$，则先将 675 记为 $3^3 5^2$。然后得到

$$\varphi(675)=(3^3-3^2)(5^2-5)=(18)(20)=360。$$

5 该问题的细节可参考 Ian Stewart, *Do Dice Play God?*, Profile, London (2019), Chapters 15 and 16。

6 L. M. K. Vandersypen, M. Steffen, G. Breyta, C. S. Yannoni, M. H. Sherwood, and I.L. Chuang. 'Experimental realization of Shor's quantum factoring algorithm using nuclear magnetic resonance', *Nature* 414 (2001) 883–887.

7 F. Arute and others. 'Quantum supremacy using a programmable superconducting processor', *Nature* 574 (2019) 505–510.

8 J. Proos and C. Zalka. 'Shor's discrete logarithm quantum algorithm for elliptic curves', *Quantum Information and Computation* 3 (2003).

9 M. Roetteler, M. Naehrig, K. Svore, and K. Lauter. 'Quantum resource estimates for computing elliptic curve discrete logarithms', in: *ASIACRYPT 2017: Advances in Cryptology,* springer, New York (2017), 214–270.

06　数平面

1 例如，-25 有一个平方根 5i，因为

$$(5i)^2=5i \cdot 5i=5 \cdot 5 \cdot i \cdot i=25i^2=25(-1)=-25$$

事实上，因为类似的原因，它还有一个平方根 -5i。

2 代数学家用 0 的平方根有两个重根 0 来规范这种情况。也就是说，仅就技术意义而言，相同的值重复两次。像 x^2-4 这样的表达式有两个因子，它们分别是 $x+2$ 和 $x-2$，通过它们可以得到方程 $x^2-4=0$ 的两个解 $x=-2$ 和 $x=+2$。类似地，表达式 x^2 也有两个因子，它们是 x 和 x，只不过这次它们正好相同。

3 对于实数 c，函数 $z(t)=e^{ct}$ 满足初始条件为 $z(0)=1$ 时的微分方程 $\mathrm{d}z/\mathrm{d}t=cz$。如果定义复数 c 的指数函数，那么得到的方程是一样的，这很合理。若设 $c=\mathrm{i}$，那么 $\mathrm{d}z/\mathrm{d}t=\mathrm{i}z$。由于乘以 i 就是将复数旋转一个直角，而以 t 为变量的 $z(t)$ 的切线和 $z(t)$ 也是成直角的，所以点 $z(t)$ 代表了一个半径为 1、以原点为圆心的圆。它以每单位时间 1 弧度的恒定速度绕着这个圆旋转，所以在 t 时，它的角成 t 弧度。根据三角函数，该点也可以记为 $\cos(t)+\mathrm{i}\sin(t)$。

4 更准确地说，这里指的是"内积"，它决定距离和角度。

07 爸爸，你能生三胞胎吗？

1 1988 年，最快的超级计算机是 Cray Y-MP，共耗资 2000 万美元（比今天的 5000 万美元还多）。让它运行"视窗"操作系统会非常费劲。

2 K. Shoemake. 'Animating rotation with quaternion curves', *Computer Graphics* 19 (1985) 245–254.

3 L. Euler. 'Découverte d'un nouveau principe de mécanique' (1752), *Opera Omnia, Series Secunda* 5, Orel Fusili Turici, Lausanne (1957), 81–108.

4 半角性质在量子力学里很重要。在量子世界里，有一个量子自旋的公式是基于四元数的。诸如费米子之类的粒子的波函数旋转 360°，那么它的自旋就会反转。（这与旋转粒子本身是不一样的。）波函数必须旋转 720° 才能使自旋回到它的初始值。单位四元数可以构成旋转的"双重保护"。

5 C. Brandt, C. von Tycowicz, and K. Hildebrandt. 'Geometric flows of curves in shape space for processing motion of deformable objects', *Computer Graphics Forum* 35 (2016) 295–305.

410

6 www.syfy.com/syfywire/it-took-more-cgi-than-you-think-to-
   bring-carrie-fisher-into-the-rise-of-skywalker.

08   啵嘤！

1 T. Takagi and M. Sugeno. 'Fuzzy identification of systems and
   its application to modeling and control', *IEEE Transactions on
   Systems, Man, and Cybernetics* 15 (1985) 116–132.

10   请微笑！

1 这是用于网站的 JFIF 编码。EXIF 编码用于相机，其中包括描述
   相机设置的"元数据"，如日期、时间和曝光等。
2 A. Jain and S. Pankanti. 'Automated fingerprint identification
   and imaging systems', in: *Advances in Fingerprint Technology* (eds. C.
   Lee and R. E. Gaensslen), CRC Press, (2001) 275–326.

11   我们快到了吗？

1 N. Ashby. 'Relativity in the Global Positioning system', *Living
   Reviews in Relativity* 6 (2003) 1; doi: 10.12942/lrr-2003-1.

12   北极和伊辛

1 更精确地说，$Z = \Sigma \exp(-\beta H)$，其中求和是针对所有自旋变量的
   构型的。

2 令 $\beta=1/k_B T$，其中 k_B 是玻尔兹曼常数，则公式为：

$$g(T,H)=-\frac{1}{\beta}\log\left[e^{\beta J}\cosh(\beta H)+\sqrt{e^{2\beta J}\cosh^2(\beta H)-2\sinh(2\beta J)}\,\right]$$

3 公式是：

$$\sinh(\beta H)\,/\,\sqrt{\sinh^2(\beta H)+\exp(-4\beta J)}$$

其中 H 是内部场强，J 是自旋之间相互作用的强度。当没有内部场强，即 $H=0$ 时，$\sinh(\beta H)=0$，于是整个分式等于 0。

4 Y.-P. Ma, I. Sudakov, C. Strong, and K.M. Golden. 'Ising model for melt ponds on Arctic sea ice', *New Journal of Physics* 21 (2019) 063029.

13 请拓扑学家来

1 S. Tanaka. 'Topological analysis of point singularities in stimulus preference maps of the primary visual cortex', *Proceedings of the Royal Society of London B* 261 (1995) 81–88.

2 "Lobster telescope has an eye for X-rays", https://www.sciencedaily.com/releases/2006/04/060404194138.htm

3 从技术上讲，这条曲线是圆盘到球面的映射下圆盘边界的像。曲线可能会自交，圆盘可能会被揉皱。

4 J.J. Berwald, M. Gidea, and M. Vejdemo-Johansson. 'Automatic recognition and tagging of topologically different regimes in dynamical systems', *Discontinuity, Nonlinearity, and Complexity* 3 (2014) 413–426.

5 F.A. Khasawneh and E. Munch. 'Chatter detection in turning using persistent homology', *Mechanical Systems and Signal Processing* 70 (2016) 527–541.

6 C. J. Tralie and J.A. Perea. '(Quasi) periodicity quantification in video data, using topology', *SIAM Journal on Imaging Science* 11

(2018) 1049–1077.

7   S. Emrani, T. Gentimis, and H. Krim. 'Persistent homology of
    delay embeddings and its application to wheeze detection', *IEEE
    Signal Processing Letters* 21 (2014) 459–463.

术语译名对照表

B

比例代表制 Proportional
    representation
变分法 calculus of variations
遍历理论 ergodic theory
标准神经网络 standard neural
    network
波尔斯比-波佩尔值 Polsby–Popper
不可能定理 Impossibility Theorem
布尔函数 Boolean function

C

测度论 measure theory
超奇异同源图 supersingular isogeny
    graphs
超限基数 transfinite cardinals
持续同调 persistent homology
粗捕获码 Coarse Acquisition Code

D

单纯形法 simplex method
单一可转移票制 single transferable
vote
等周不等式 isoperimetric inequality
笛卡尔坐标系 Cartesian coordinate
    system
"调整赢家"协议 Adjusted Winner
    protocol
迭代函数系统 iterated function
    system，缩写为 IFS

E

厄米算符 Hermitian operator
二阶相变 second-order phase
    transition

F

泛函分析 functional analysis
泛函数 functional
斐波那契数列 Fibonacci numbers
分形几何 fractal geometry
傅里叶变换 Fourier transform
傅里叶级数 Fourier series

G

刚性运动 rigid motion

割平面 cutting planes

公平分配理论 theory of fair division

公钥密码系统 public key cryptosystem

H

哈希函数 Hash function

汉明距离 Hamming distance

滑动窗重建技术 sliding-window
reconstruction

混沌理论 Chaos theory

火腿三明治定理 ham sandwich
theorem

J

极坐标 polar coordinates

计算复杂性理论 computational
complexity theory

计算机图形图像 computer graphic
imagery，缩写为 CGI

交叉熵基准测试 cross-entropy
benchmarking

角动量 angular momentum

K

可数集 countable sets

克莱因瓶 Klein bottle

空间填充曲线 space-filling curve

L

拉东变换 Radon transform

乐购购物问题 Tesco Shopping
Problem

洛伦兹方程 Lorenz equations

洛伦兹吸引子 Lorenz attractor

旅行商问题 Travelling Salesman
Problem，缩写为 TSP

M

马尔可夫链蒙特卡罗方法 Markov
Chain Monte Carlo，缩写为
MCMC

毛球定理 hairy ball theorem

梅森旋转算法 Mersenne twister

模糊集合理论 fuzzy set theory

模运算 modular arithmetic

N

挠率 torsion

扭结理论 knot theory

诺特环 Noetherian ring

P

配分函数 partition function

偏微分方程 partial differential
equation

Q

曲率 curvature

R

锐脉冲 sharp pulses

S

三角剖分 triangulation

商空间 quotient space

实除代数 real division algebras

数论函数 number-theoretic function

数平面 number plane

数轴 number line
四元数 quaternions

T

拓扑向量空间 topological vector space
拓扑学 topology
同调 homology
透明证明 transparent proofs
退相干 decohered
托弗利门 Toffoli gates
椭圆曲线 elliptic curves
椭圆曲线密码学 Elliptic Curve
    Cryptography

W

维托里斯–里普斯复形 Vietoris–Rips
    complexes

X

吸引子 attractor
希尔伯特空间 Hilbert space
现实物理学 realistic physics
陷门函数 trapdoor function
小波 / 标量量化 wavelet/scalar
    quantisation，缩写为 WSQ

小波分析 wavelet analysis
协和式 TSP 求解器 Concorde TSP
    Solver
信使问题 messenger problems
形状空间 shape space
形状理论 shape theory
虚数 imaginary
选举人团 Electoral College

Y

页面排序算法 PageRank algorithm
有理解 rational solution
有限状态自动机 finite-state
    automaton
逾渗模型 percolation model
原像计算困难 preimage resistance
约化普朗克常数 reduced Planck's
    constant

Z

张量范畴 tensor category
自旋电子学 spintronics
组合数学 combinatorics
组合优化 combinatorial optimization

人名译名对照表

A

阿道夫·赫维茨 Adolf Hurwitz
阿迪·沙米尔 Adi Shamir
阿尔布雷希特·丢勒 Albrecht Dürer
阿尔基洛科斯 Archilochus
阿尔扬·伦斯特拉 Arjen Lenstra
阿里尔·普罗卡恰 Ariel Procaccia
阿洛·格思里 Arlo Guthrie
阿奇博尔德·哈密顿 Archibald
　Hamilton
阿塞尔巴斯 Acerbas
阿瑟·C. 克拉克 Arthur C. Clarke
埃尔布里奇·格里 Elbridge Gerry
埃尔卡纳·蒂斯代尔 Elkanah Tisdale
埃拉托斯特尼 Eratosthenes
埃里克·麦吉 Eric McGhee
埃米·诺特 Emmy Noether
埃斯特勒·雷·曼 Estle Ray Mann
埃瓦里斯特·伽罗瓦 Évariste Galois
艾伦·科马克 Allan Cormack
艾伦·斯隆 Alan Sloan
艾伦·泰勒 Alan Taylor

艾伦·图灵 Alan Turing
艾萨克·牛顿 Isaac Newton
爱德华·肯尼迪 Edward Kennedy
爱德华·梅特兰·赖特 Edward
　Maitland Wright
安德烈·马尔可夫 Andrey Markov
安德烈·魏尔 André Weil
安德鲁·怀尔斯 Andrew Wiles
奥古斯特·莫比乌斯 August Möbius
奥勒·罗默 Ole Rømer
奥尼尔·里德 Oneil Reid

B

巴拿赫 Banach
保罗·贝尼奥夫 Paul Benioff
保罗·科赫尔 Paul Kocher
保罗·罗思 Paul Roth
鲍里斯·阿莱克谢耶夫 Boris Alexeev
本杰明·富兰克林 Benjamin Franklin
本杰明·皮尔斯 Benjamin Peirce
比约恩·托尔德博德 Bjørn Toldbod
彼得·肖尔 Peter Shor

卡尔·门格 Karl Menger
卡尔·魏尔施特拉斯 Karl Weierstrass
卡尔·希法霍尔策 Carl Hierholzer
考特·斯特朗 Court Strong
克劳德·香农 Claude Shannon
克里斯·布里斯劳恩 Chris Brislawn
克里斯蒂安·塞盖迪 Christian
    Szegedy
克里斯托夫·扎尔卡 Christof Zalka
克里斯托弗·哥伦布 Christopher
    Columbus
克里斯托弗·特拉利 Christopher
    Tralie
克利福德·科克斯 Clifford Cocks
肯·休梅克 Ken Shoemake
肯尼思·蔡斯 Kenneth Chase
肯尼思·戈尔登 Kenneth Golde
肯尼斯·阿罗 Kenneth Arrow

L

拉尔夫·本杰明 Ralph Benjamin
拉斐尔·邦贝利 Rafael Bombelli
拉斯·翁萨格 Lars Onsager
拉斯洛·鲍鲍伊 László Babai
拉斯洛·费耶什·托特 László Fejes
    Tóth
莱昂哈德·欧拉 Leonhard Euler
莱布尼茨 Leibniz
劳伦斯 Lawrence
理查德·狄德金 Richard Dedekind
理查德·费曼 Richard Feynman
理查德·劳勒 Richard Lawler
理查德·约饶 Richard Jozsa
利昂·哈蒙 Leon Harmon
利奥波德·维托里斯 Leopold Vietoris

利芬·范德思朋 Lieven Vandersypen
林恩·阿瑟·斯蒂恩 Lynn Arthur
    Steen
卢特菲·扎德 Lotfi Zadeh
路易斯·莫德尔 Louis Mordell
伦纳德·阿德尔曼 Leonard Adleman
罗伯特·波佩尔 Robert Popper
罗纳德·夸夫曼 Ronald Coifman
罗纳德·里根 Ronald Reagan
罗纳德·里韦斯特 Ronald Rivest

M

马丁·罗特勒 Martin Roetteler
马修·威尔金森 Matthew Wilkinson
迈克尔·巴恩斯利 Michael Barnsley
迈克尔·法拉第 Michael Faraday
迈克尔·加里 Michael Garey
梅里尔·弗勒德 Merrill Flood
米哈伊尔·季亚科诺夫 Mikhail
    Dyakonov
米拉·伯恩斯坦 Mira Bernstein
米歇尔·莫斯卡 Michele Mosca
莫·威廉斯 Mo Willems
穆恩·达钦 Moon Duchin
穆罕默德·花拉子密 Muhammad al-
    Khwarizmi

N

尼尔·科布利茨 Neal Koblitz
尼古拉斯·斯特凡诺普洛斯 Nicholas
    Stephanopoulos
诺曼·帕卡德 Norman Packard

O

欧几里得 Euclid

欧金·内托 Eugen Netto

P

帕特·萨亚克 Pat Sajak
佩尔西·迪亚科尼斯 Persi Diaconis
皮埃尔·德·费马 Pierre de Fermat
皮格马利翁 Pygmalion
普罗克洛斯 Proclus

Q

乔纳森·A. 琼斯 Jonathan A. Jones
乔纳森·布拉德利 Jonathan Bradley
乔纳森·马丁利 Jonathan Mattingly
乔斯·佩罗 Jose Perrea
乔瓦尼·迪多梅尼科·卡西尼
　　Giovanni Domenico Cassini
乔治·布尔 George Boole
乔治·丹齐格 George Dantzig
乔治·卢卡斯 George Lucas

R

让·莫莱 Jean Morlet
让–罗贝尔·阿尔冈 Jean-Robert
　　Argand

S

萨拉·赫顿 Sarah Hutton
萨瓦·埃姆兰尼 Saba Emrani
塞尔默·约翰逊 Selmer Johnson
塞缪尔·维布朗斯基 Samuel
　　Verblunsky
桑吉维·阿罗拉 Sanjeev Arora
史蒂文·布拉姆斯 Steven Brams
斯坦尼斯拉夫·乌拉姆 Stanislaw
　　Ulam

斯特凡·巴拿赫 Stefan Banach
斯特凡·马祖尔凯维奇 Stefan
　　Mazurkiewicz
松本真 Makoto Matsumoto

T

汤姆·霍珀 Tom Hopper
唐纳德·特朗普 Donald Trump
特亚林·科普曼斯 Tjalling Koopmans
田中茂 Shigeru Tanaka
托马斯·斯蒂尔吉斯 Thomas Stieltjes

W

瓦尔特·迈耶 Walther Mayer
万娜·怀特 Vanna White
威廉·布拉格 William Bragg
威廉·楞次 Wilhelm Lenz
威廉·伦琴 Wilhelm Röntgen
威廉·罗恩·哈密顿 William Rowan
　　Hamilton
威廉·摩根 William Morgan
威廉·斯特金 William Sturgeon
韦恩·道金斯 Wayne Dawkins
韦斯利·佩格登 Wesley Pegden
维吉尔 Virgil
维贾伊·瓦齐拉尼 Vijay Vazirani
维克多·威克豪泽 Victor
　　Wickerhauser
维克托·米勒 Victor Miller
沃尔夫冈·博尧伊 Wolfgang Bolyai
沃尔特·迪士尼 Walt Disney
乌费·扬克维斯特 Uffe Jankvist

X

西尔维奥·米卡利 Silvio Micali

西蒙·弗莱克斯纳 Simon Flexner
西蒙·斯泰芬 Simon Stevin
希拉里·克林顿 Hillary Clinton
小托马斯·戈德史密斯 Thomas
　　Goldsmith Jr

Y

雅各布·施泰纳 Jakob Steiner
亚历山大·格罗斯曼 Alexander
　　Grossmann
伊阿耳巴斯 Iarbas
伊夫·迈耶 Yves Meyer
伊丽莎白·弗莱施曼 Elizabeth
　　Fleischmann
伊丽莎白·芒奇 Elizabeth Munch
伊洛娜·叶尔绍夫 Ilona Yershov
英格丽德·多贝西 Ingrid Daubechies
尤金·维格纳 Eugene Wigner
尤里·马宁 Yuri Manin
尤里·沃罗内 Yuriy Vorony
尤利乌斯·凯撒 Julius Caesar
俞鼎力 Dingli Yu
约翰·布林克利 John Brinkley
约翰·丹尼尔 John Daniel
约翰·格雷夫斯 John Graves

约翰·拉东 Johann Radon
约翰·利斯廷 Johann Listing
约翰·普罗斯 John Proos
约翰·沃利斯 John Wallis
约翰·休林斯·杰克逊 John
　　Hughlings Jackson
约翰内斯·勃拉姆斯 Johannes
　　Brahms
约翰内斯·开普勒 Johannes Kepler
约瑟夫·傅里叶 Joseph Fourier

Z

泽弗·兰道 Zeph Landau
詹姆斯·埃利斯 James Ellis
詹姆斯·克拉克·麦克斯韦 James
　　Clerk Maxwell
詹姆斯·麦迪逊 James Madison
詹姆斯·沃森 James Watson
詹姆斯·约瑟夫·西尔韦斯特 James
　　Joseph Sylvester
朱莉亚·罗宾逊 Julia Robinson
朱尼安努斯·查士丁 Junianus
　　Justinus
朱塞佩·皮亚诺 Giuseppe Peano